丘陵地带远距离管道输水管理探索

姜国徽　周雪杨　姜坤◎主编

U0345974

吉林科学技术出版社

图书在版编目（ＣＩＰ）数据

丘陵地带远距离管道输水管理探索 / 姜国徽，周雪
杨，姜坤主编. -- 长春：吉林科学技术出版社，2023.7
ISBN 978-7-5744-0784-8

Ⅰ．①丘… Ⅱ．①姜… ②周… ③姜… Ⅲ．①丘陵地
－长距离－输水管道－管道工程－研究 Ⅳ．①TV672

中国国家版本馆 CIP 数据核字(2023)第 160071 号

丘陵地带远距离管道输水管理探索

主　　编	姜国徽　周雪杨　姜　坤
出 版 人	宛　霞
责任编辑	张伟泽
封面设计	皓麒图书
制　　版	皓麒图书
幅面尺寸	185mm×260mm
开　　本	16
字　　数	200 千字
印　　张	8.5
印　　数	1–1500 册
版　　次	2023年7月第1版
印　　次	2024年2月第1次印刷

出　　版	吉林科学技术出版社
发　　行	吉林科学技术出版社
地　　址	长春市福祉大路5788号
邮　　编	130118
发行部电话/传真	0431-81629529 81629530 81629531
	81629532 81629533 81629534
储运部电话	0431-86059116
编辑部电话	0431-81629518
印　　刷	三河市嵩川印刷有限公司

书　　号	ISBN 978-7-5744-0784-8
定　　价	81.00元

姜国徽，出生于 1967 年 2 月 20 日，1985 年毕业于山东省莱阳师范学校，1989 年调入招远市水务局，1997 年 7 月，毕业于山东农大农工（水利）专业，2014 年 4 月，调入山东省调水工程运行维护中心福山管理站，（副）高级工程师。

❋❋❋❋❋❋❋❋❋❋❋❋❋❋❋❋❋❋❋❋❋❋❋❋❋❋❋

周雪杨，出生于 1987 年 8 月 13 日，2006 年毕业于山东大学水利水电工程专业，2011 年 9 月至今就业于山东省调水工程运行维护中心福山管理站，工程师。

❋❋❋❋❋❋❋❋❋❋❋❋❋❋❋❋❋❋❋❋❋❋❋❋❋❋❋

张姜坤，出生于 1981 年 12 月 8 日，2009 年毕业于山东农业大学水利水电工程专业，2011 年就职于山东省调水工程运行维护中心招远管理站至今，工程师。

丘陵地带远距离管道输水管理探索

山东省调水工程运行维护中心福山管理站

2022 年 1 月

编制说明

一、按照山东省调水工程运行维护中心标准化工作的要求及安排，为指导调水工程福山段管道工程标准化管理手册的编制工作，编写了本指南。

二、本编制指南适用于调水工程福山段已建成并投入运行的管道工程。

三、本指南主要涉及管道工程组织管理、制度管理、安全管理、运行管理和档案管理等内容。管理单位的其他日常事务性工作不包括在此编制指南之内。

四、所编制的《调水工程福山段管道工程标准化管理手册》应涵盖与管道工程有关的各项管理制度，并按照本指南的要求逐项对照，满足有关技术标准。

五、本指南由山东省调水工程运行维护中心福山管理站提出并归口，由山东省调水工程运行维护中心福山管理站起草。

六、本指南主持机构：山东省调水工程运行维护中心福山管理站

七、本指南起草单位：山东省调水工程运行维护中心福山管理站

八、主要起草人员：姜国徽　周雪杨　姜坤

目　录

1 总 则

1.1 管理目标

调水管道安全关系到输水安全、防洪安全、饮水安全，科学管理对保证人民群众生命财产具有十分重要的意义。

实现生产（运行）、管理、维护大修等全周期管理，运用系统管理的原理和方法将相互关联、相互作用的标准化要素加以识别、制定标准，建立标准体系并进行系统管理，有利于发挥标准化的系统效应，有助于提高实现调水的可靠性和效益。

1.2 适用范围

适用于调水管道工程福山段及其管理、运行、维护人员等。

1.3 编制依据

编制依据见附录。

1.4 手册培训

本手册编制完成后用于指导调水管道工程福山段的标准化管理，新进人员在上岗之前经培训考核，合格后方可上岗。

2 基本情况

2.1 工程概况

胶东调水工程福山段上接蓬莱，下至莱山区外甲河，工程全长 27 公里，跨越 5 个镇街。管道沿线包括高位水池 1 座（桩号 4+713，2022 年 5 月新建增容水池建成），控制性阀门井 11 座，排气井 34 座，排水井 10 座。采用预应力钢筒砼管（PCCP 管）、螺旋钢管和玻璃钢管三种管材，穿河 4 处及穿路（含铁路、公路）6 处全部采用螺旋钢管；根据沿线管道压力不同，管道直径为 2200㎜、2000mm，高疃泵站至高位水池段为 2000mm，高位水池以下段为 2200mm。

有三个控制性骨干工程：一是高疃泵站，总占地面积 75 亩；二是高位水池；三是门楼水库分水口，在此处向门楼水库及下游威海米山水库分水。在福山境内管道段有 4 处穿河工程：一次穿白洋河工程（桩号：K379+680-K379+868）；二次穿白洋河工程（桩号：K389+691-K389+871）；穿内夹河工程（桩号：K390+721-K391+005）；穿杨甲河工程（桩号：K393+496-K393+551）. 有 6 处穿路（含铁路、公路）：福山河滨南路（K390+721-K390+005）、018 县道（K393+551-K393+610）、林门线 1（K402+407-K402+500）、林门线 2（K402+917-K403+020）、蓝烟铁路及公路（K404+2.3-K404+202.3）。

2.2 工程管理范围和保护范围

1、管理范围划定。

管道暗渠段工程依据：1）调水工程依法征收、征用的土地以国有土地使用证的范围划定管理范围；2）暗渠、倒虹、管道、隧洞等地下工程范围依据国务院批准的设计文件或者地下建筑物外轮廓的地面投影划定；3）已经进行勘测定界、永久用地补偿，但尚未取得用地批复且工程实际需要的土地，按照勘测定界、实际补偿范围确定管理范围。

在管理范围内，不得从事下列行为：1）取土、采石、采砂、爆破、打井、钻探、开沟、挖洞、挖塘、建窑、修建坟墓；2）侵占、毁坏护堤护岸林木；3）在堤（坝）顶等工程设施上超限行驶机动车；4）游泳、洗衣或者清洗车辆和器具；5）烧荒、放养牲畜；6）其他影响调水工程运行、危害工程安全的行为。

2、保护范围划定。

依据《山东省胶东调水条例》第二章第十二条规定，按照下列标准划定：

（一）沉沙池、渠道、倒虹、渡槽管理范围边缘向外延伸一百米的区域；

（二）地下输水管道、涵洞垂直中心线两侧水平方向各五十米的区域；

（三）穿越河道的输水工程中心线向河道上游延伸五百米、下游延伸一千米的区域；

（四）调蓄工程管理范围边缘向外延伸三百米的区域。

在保护范围内，不得从事下列行为：1）建造、设立生产、加工、储存和销售易燃、易爆、剧毒或者放射性物品等危险物品的场所、仓库；2）在地下输水管道、暗渠保护范围内盖房、筑坟、超限行驶机动车，或者在地下输水管道、暗渠中心线两侧各十五米的区域内种植深根植物；3）在穿越河道的输水工程保护范围内拦河筑坝、采砂、淘金等；4）采石、爆破、打井、钻探等影响调水工程运行和危害调水工程安全的活动。

2.3 管理组织

2.3.1 管理职能及机构

2009 年 5 月 26 日，山东省机构编制委员会办公室以鲁编办 [2009]31 号文《关于设立省胶东调水局烟台分局等机构的批复》，批准设立山东省胶东调水工程福山管理站，2019 年 2 月，正式更名为山东省调水工程运行维护中心福山管理站。单位性质为社会公益二类科级事业单位，上级管理单位为山东省调水工程运行维护中心烟台分中心，属于省直驻福科级事业单位，所有经费来源均为省财政或省中心直接拨款，党组织关系按照规定隶属地方党委（福山区直机关工委）。

本单位的宗旨和业务范围包括：承担所辖区域内重大水利工程、骨干水网调水工程的运行、维护、巡查、防汛度汛等工作；受委托承担所辖区域内重大水利工程、骨干水网调水工程建设管理任务，履行项目法人职责；负责按照省调水工程运行维护中心下达的调度实施方案组织实施调水工作；承担所辖工程水质检测工作；承担所辖区域内安全生产工作。

2.3.2 组织机构及人员编制

山东省调水工程运行维护中心福山管理站内设综合科、工程管理科、计划财务科三个科室，下设山东调水工程高疃泵站管理所、山东调水工程福山管道所管理所两个副科级管理所。

2.3.3 岗位职责及岗位责任人

1、主任

（1）严格执行国家有关法律、法规及党的方针政策，党建工作。带领职工遵纪守法，以身作则，廉洁政务。

（2）贯彻上级会议决定、决议，带头遵守规章制度、工作制度。对管理范围内的资产、资源、防汛、抗旱、安全生产和社会治安等负总则。

（3）做好管理范围内的事务工作，保障工程安全运行，充分发挥工程效益。结合考核办法，推动各项工作有序开展。

（4）研究制定培训计划，积极做好工程运行调动等各项管理工作，确保调水工程安全运行。

（5）及时处理管理范围内的水事违法事件，应对任何不利于本单位利益的突发事件。

（6）正确处理管辖内与各政府部门关系，在各级政府及上级部门的支持下，营造良好的工作环境和建设环境。

（7）加强资源及资产管理，杜绝任何有损单位形象或资源损失、侵占、被盗等重大失职渎职事件的发生。

（8）完成上级交办的其他事项。

2、副主任

（1）协助主任做好事务管理及党建工作，负责工程运行管理及工程建设等方面的工作。

（2）做好管辖范围内的防汛及安全生产工作，及时做好防汛，调度运行值班安排。

（3）负责范围内职工培训及技术指导工作。

（9）协助主任做好水事违法事件，组织人员应对任何不利于本单位利益的突发事件。

（4）负责档案管理、后勤保障等工作。

3、办公室

（1）严格执行国家有关法律法规及党的方针政策。带领办公室人员遵纪守法。

（2）认真执行管理站会议决议、决定，制定管理站各项规章制度。

（3）做好宣传报道、文件起草工作。

（4）组织制定和实施年度计划。、

（5）搞好岗位培训、专业技术职称等级申报评聘和机关车辆管理等工作。

（6）及时收集各种信息，协调处理各种关系，完成领导交办的其他事项。

4、工程管理科

（1）认真贯彻中心国家有关法律、法规和相关技术标准。

（2）掌握工程运行状况，深入工程现场，及时处理技术方面的问题。

（3）制定工程技术改造方案和维修养护计划；编制工程、设备操作运行规程。

（4）编制并落实工程管理规划和更新改造。做好各项工程项目的规划、设计和竣工验收工作。

（5）做好工程技术资料的收集、整理、分析和归档工作。

（6）做好本岗位设备管理工作。

（7）搞好安全生产工作。

5、财务管理科

（1）认真贯彻执行国家财政、金融、经济等有关法律、法规。

（2）负责财务、会计以及资产管理工作

（3）做好会计业务和会计核算工作，保证会计凭证、账簿、报表及其他会计资料的真实、准确、完整。

（4）建立健全会计核算及相关管理制度，保证会计工作依法进行。

（5）做好财务核算及会计档案管理工作。

（6）办理现金、银行存款的收付结算业务。

（7）管理支票、现金、资产及设备。

　6、管理所

（1）负责管理所的管理工作；

（2）负责水工建筑物、机电设备的日常运行维护维修检查验收工作.

（3）及时报告和处理工程运行中出现的问题；

（4）组织职工制止管辖范围内乱挖等现象；

（5）严格组织执行工程运行标准和各项管理制度。

（6）组织职工培训。

（6）确保福山段工程项目运行顺利进行。

2.4 管理设施

2.4.1 管道管理所办公用房

福山管道管理所占地面积 2.08 亩，管理房面积 156.4 ㎡，层数 1 层，总高度 5 米，砖混结构，合理使用年限 50 年，建筑结构等级为三级，抗震设防类别丙类，抗震设防烈度七度。2019 年 2 月 20 日开始建设，2019 年 4 月底建成并投入使用。

2.4.2 阀门井、排气井、排水井

福山管道段沿线高位水池 1 座，控制性阀门井 12 座，排气井

34 座，排水井 10 座。高位水池新建了增容水池，最大调蓄能力达 6000m³，内有管理房 50 ㎡，总占地面积 3533 ㎡。

2.4.3 自动化监测系统

共有 11 处阀门井，每处配有自动化监控系统，主要是监测各阀门井蝶阀运行状态。

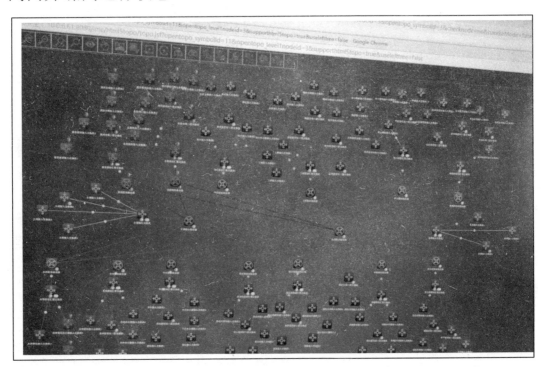

2.3.4 电源

2~6 号阀门井有高瞳泵站引出的 10kv 专有电源，7 号~12 号阀门井由

2.4.5 通讯设施

管道所内设有座机 1 部，11 座阀门井内设 IP 电话，运行期间现场巡视人员主要运用手机、ip 电话与管理站联络。

管道所有专用抢险车辆 1 部。

2.5 公众安全

为清晰标示沿线管道线路，确保管道安全，福山段沿线设置导线桩 172 处，30 处明示牌。

3 管理制度

3.1 管理范围及保护范围

管道暗渠段管理范围：1）调水工程依法征收、征用的土地以国有土地使用证的范围划定管理范围；2）暗渠、倒虹、管道、隧洞等地下工程范围依据国务院批准的设计文件或者地下建筑物外轮廓的地面投影划定；3）已经进行勘测定界、永久用地补偿，但尚未取得用地批复且工程实际需要的土地，按照勘测定界、实际补偿范围确定管理范围。

管道暗渠段保护范围：依据《山东省胶东调水条例》第二章第十二条规定，划定（一）沉沙池、渠道、倒虹、渡槽管理范围边缘向外延伸一百米的区域；（二）地下输水管道、涵洞垂直中心线两侧水平方向各五十米的区域；（三）穿越河道的输水工程中心线向河道上游延伸五百米、下游延伸一千米的区域；（四）调蓄工程管理范围边缘向外延伸三百米的区域。

3.2 管理制度

3.2.1 工程汛期工作制度

1、每年6月1日至9月30日为汛期，管理所严格执行汛期工作制度，管道所所长为管道防汛负责人，负责管道所防汛日常工作，组织防汛抢险；管理站对防汛值班、调度指令、防汛抢险等执行情况进行督查。

2、汛期，管道所现场严格执行24小时值班制和领导带班制，防汛值班人员由具有责任心和事业心、懂业务知识、熟悉工程情况的人员担任。

3、防汛值班职责及要求：

1）及时、准确做好上级防汛调度指令的复核、传递、反馈工作，接到重要水情信息或上级调度指令后，防汛值班人员应对重要参数进行复核确认，并及时传递给执行人员，告知管道所负责人，做好记录。除上级调度指令外，当班人员不得接受任何单位和个人的调度指令。

2）掌握实时雨情、水情、工情、旱情、灾情和防汛抗旱、抢险救灾情况。

3）认真做好各类值班信息的接收、登记和处理工作。如遇问题，能处理的及时处理；不能处理的或重要信息应立即向带班领导报告。

4）做好与上级防汛抗旱指挥机构办公室、各有关部门的信息沟通，确保不漏报、不错报、不迟报。认真做好交接班，交班人员要介绍值班情况，指出关注重点，交待待办事宜，接班人员要跟踪办理。

5）认真填写值班日志，逐项注明办理情况，并签名。

6）当班人员未经批准不得离岗或找人代班。

7）值班人员必须强化值班信息管理，遵守保密规定，不得随意向外发布雨情、水情预测，以及涉及工情等重要信息。

8）管道所所长应组织人员加强对工程开展巡视检查，掌握工程状况，发现问题及时处理，加强开展防汛抢险知识的培训和演练。

9）严格执行事故报告制度，凡发生事故应立即报告，保护好现场，及时报事故原因、损失及处理意见。

10）因工作纪律涣散、责任心不强，造成重要水情信息严重失实或延误，调度指令终止或失误，违章操作造成事故者，要根据情节追究相关人员的的责任。

3.2.2 安全守则

为加强安全监督管理，防止和减少安全事故，坚持"安全第一，预防为主"的方针原则，根据《中华人民共和国安全生产法》等法律法规，特此制定本守则。

1. 未经许可禁止私自打开配电柜、自动化控制柜及按键操作。

2. 配电柜及绝缘胶垫严禁用湿布擦拭。

3. 配电柜上方严禁摆放物品。

4. 禁止私拉电线。

5. 上下楼梯、爬梯时注意安全，检修平台禁止存放物品。

6. 安全围栏不得摆挂物品。

7. 每月检查消防器材并作好记录。

8. 阀门井禁止堆放易燃易爆物，保持室外道路畅通。

9. 巡视期间严格遵守《道路交通安全法》。

10. 巡视期间严禁饮酒。

11. 室内卫生保持清洁。

12. 巡视中发现问题及时汇报，避免与人发生口角。

13. 巡视中未经许可严禁操作通水设备。

14. 巡视中注意井室构造，避免划伤、磕碰、坠落等情况。

15. 保持井室内地面清洁，井室外道路畅通。

3.2.3 阀门井巡视检查内容

（一）输水管道

1.管道无裸露，覆盖层无明显渗水、塌陷、上拱等现象；

2.管理范围内无根深植物；

3.保护范围内无违规施工建设项目，以及采砂、取土、爆破、堆压重物、堆放有毒有害物质、违规排放污水废水等危害输水管线工程设施安全的活动；

4.警示牌、公告牌、标识牌位置准确、内容清晰、醒目整洁、牢固无损；

5.界桩位置正确、字迹清晰、牢固无移位。

（二）建（构）筑物及附属建（构）筑物

1.外观整洁无开裂、变形、塌陷；

2.防护网完好、无缺损、无锈蚀；

3.警示牌、公告牌、标识牌位置准确、内容清晰、醒目整洁、牢固无损；

4.界桩位置正确、字迹清晰、牢固无移位；

5.暗渠无裸露；

6.屋面无渗漏、裂缝、变形，顶棚无脱落，墙面无渗水、裂缝、污损，地面干净整洁、无损坏，门窗干净整洁、密封良好、开关灵活，锁具完好，灯具完好齐全，线路布置是否规范，楼梯踏步及两侧护栏完好，爬梯安全牢固、无缺损；

7.排水系统完整通畅；

8.避雷设施完整有效；

9.进出道路地面平整、畅通，围栏完整、无锈蚀、油漆无脱落，管理范围内无杂草、无垃圾、无积水、无塌陷；

10.井内支墩无位移、开裂；

11.冬季井室（阀站）温度正常。

（三）阀门

1.表面清洁、无锈蚀、破损，铭牌完好；

2.连接处无渗漏，零部件无缺损、裂纹、磨损现象，防腐无损坏；

3.开度指示正常，执行机构无异响；

3.泄压阀、闸阀的阀前、阀后流量、压力正常；

4.阀体无结冰、冻裂。

（四）视频监控系统

1.摄像机支架固定；可靠，无锈蚀、损坏，标识清晰；

2.接线规范、连接可靠，不影响摄像头转动；

3.显示正常；

4.监控视线无阻挡。

3.2.4 阀门井操作规程

10KV 高压令克分合操作

1、操作 10KV 高压令克，必须穿戴经校验合格的绝缘手套和绝缘靴，使用经校验合格的 10KV 高压令克棒（即高压拉闸杆）进行操作。

2、停电操作时，应先拉中间相，再拉下风相，最后拉上风相。送电操作时，应先合上风相，再合下风相，最后合中间相。

3、在雨雪或大风、雷雨天气，禁止操作令克。

4、操作时如发现疑问或发生异常故障，立即停止操作，待问题查清后，方可继续进行操作。

5、操作令克应果断迅速，防止电弧扩大引发事故。

送电操作

1、检查低压配电柜变压器低压侧出线隔离开关和断路器确已分开。

2、合上变压器 10kV 高压进线侧令克。

3、合上变压器高压进线侧组合开关。

4、观察送电后变压器运行情况，包括外观，声音，气味，变压器温度及报警等情况。若存在异常情况危机变压器运行安全，应立即分开 10kV 进线侧令克。

5、变压器正常工作后，先合上变压器低压出线侧刀闸，然后合上变压器低压出线侧断路器，观察各仪表、指示灯指示是否正常，若存在异常情况，应立即分开变压器低压出线侧断路器和隔离开关，分析故障原因，采取妥善处理措施，并上报。

停电程序

1、分开变压器低压出线侧断路器。

2、分开变压器低压出线侧隔离开关。

3、分开变压器高压进线侧令克棒。

蝶阀电动开关操作规程

1、合上蝶阀电动执行机构进线断路器。

2、检查低压配电柜上相应指示灯指示是否正常。

3、合上蝶阀控制箱电源进线开关。

4、检查控制箱各仪表、指示灯指示与实际情况是否相符。

5、检查蝶阀当前开度。

6、根据调度指令，通过蝶阀控制箱操控蝶阀开至(或关至)指令要求开度。

7、检查蝶阀确已开至(或关至)指令要求开度。

蝶阀手动开关操作规程

1、检查蝶阀电动执行机构进线断路器确已分开。

2、检查蝶阀当前开度。

3、进行手轮操作前，将选择旋钮置于停止状态。

4、根据调度指令，压下阀门操控装置上的手动切换手柄，通过转动蝶阀操控机构上的手轮将蝶阀开至（或关至）指令要求开度。

5 检查蝶阀确已开至（或关至）指令要求开度。

3.2.5 排气阀检修安全操作规程

作业前安全要求：

1.填写设备检修许可证。

2.检查并准备好检修工具，正确佩戴好劳动防护用品进入检修现场并设置警示标志。

3.检查起吊挂绳是否牢固、排气阀是否有损坏。

作业操作要求：

1.关闭排气阀下方的检修阀。

2.加固起吊装置并拆卸上层螺丝，拆卸过程中留下两组对丝，用撬杠轻轻抬起上层排气阀，抬起时注意留存排气阀内的水量涌出，上层排气阀松动后开始起吊。

3.检查传动轴是否有锈蚀破损，手动转动是否灵活；检查大盖板表面是否锈蚀，密封面是否有破损（根据现场情况确认是否更换）；清除不锈钢小盖板表面的杂志，检查表面是否有破损；检查浮球及浮球杆（根据现场情况确认是否更换）；将压胶阀芯、不锈钢销轴、不锈钢短轴取出放入配件回收袋里，需要更换。

4.拆除中间层的胶垫，用扁铲和砂轮对密封面进行打磨。

5.拆卸中间层螺丝并起吊，检查检修阀的闸板是否有缺损或者密封不严。

6.拆除检修阀上的胶垫，用扁铲和砂轮对检修阀密封面进行打磨。

7.更换 DN300 胶垫，安装排气阀中间层，螺丝润滑并加固。

8.更换压胶阀芯、不锈钢销轴、不锈钢短轴及其它破损严重的配件。

9.更换 DN350 胶垫，安装排气阀上层，螺丝润滑并加固。

10、缓慢开启检修

作业后安全要求：

1.检查检修阀是否全开状态。

2.检查螺丝是否加固紧。

3.清点检修工具及更换的配件。

4.清扫施工现场。

3.2.6 设备检修制度

1、为维护工程安全完整，保持设备良好，运转正常，本着"经常养护，随时维修，养重于修，修重于抢"的原则，应对工程设备进行经常性的检修。

2、一般设备检修由养护公司检修人员和管理所人员进行检修，明确检修负责人和配合人员，安全员必须到场。设备大修或需委托外单位维修的项目，按大修项目程序管理。

3、检修负责人全面负责检修组织工作，提出检修过程工艺要求，做好现场检修人员管理，掌握质量，安排检修时间及进度，落实安全措施，并加强检修工器具管理。

4、维修验收实行三级验收制度。

5、电气设备经过试验，试验项目均在合格范围内，检修人员与验收人员双方确认无误，检修工作方可结束，并及时终结工作票。

6、设备大修后，需按规范通过试运行验收才可正式投运。

3.2.7 备品备件管理制度

加强备品备件管理，理顺备品配件全过程管理中的各环节的关系和责任，保证备品配件的及时供应并降低库存。

每年9月底上报下年度的备品备件材料计划，管理所审核后汇总并上报审批。

经批准后的材料计划表做为日常管理的主要依据，如无特殊说明，必须坚持设备的原始生产厂购置的原则，如有变更，要经主管领导批准。

凡设备的增加、更新、移装、改造及配件的变更、报废等情况，必须以书面形式提前报，由主管领导审批后实施。

配件到货后，组织有关人员验收入库。配件的库房保管要做到：材质明、图号准、不锈蚀、不损坏，帐、卡、物相符。

备件库的管理要正规化、科学化、要制订严格的验收入库、保管、发放的规章制度以及备品备件入库的验收手续，入库备件要有产品合格证，对材质要求比较严格的备件要有材质化验分析单，库存备件要定期进行抽检和复检、以确保备件质量。

对存放时间过长又无合格证的备件，需经技术鉴定后方可发放，对淘汰设备的备件、质量低劣以及年久锈蚀严重的备件，应及时认真处理。

在做好配件管理的同时，要做到配件的正确使用、正确安装、正确维护和保养，对关键配件的非正常损坏根据"四不放过"的原则，查清原因，写出分析报告，妥善处理。

3.2.8 食堂管理制度

1、采购的物品应保证新鲜，严禁购买病死猪肉和过期、变质的蔬菜、调味品、肉制品及食品。

2、食堂要搞好公共卫生，勤打扫卫生、勤清理、勤消毒，保持餐厅、操作间、冰箱（柜）、餐具清洁。

3、厉行节约，避免浪费；管理好食堂物品，防止丢失、损坏、被盗。

4、食堂要严格按照操作规程使用液化气，发现漏气立即停用并查找原因予以处理，待确认安全后方可使用。

5、工作人员下班离开前，要关好门窗，检查各类电器电源开关、设备等，防止各种安全事故发生。

3.2.9 学习制度

为进一步提高技术管理人员的业务水平，使工程管理更加科学化、制度化和规范化，制定本学习制度。

1、管道所长全面负责业务培训工作。

2、每半年制定一次学习计划。

3、自学与集中学习相结合，每月开展集中学习2次。

4、采取"派出去与请进来"的方式对技术人员进行培训。

5、充分利用设备厂家作售后服务的机会，让厂家技术人员给予技术培训。

6、采用以师带徒的方式进行培训

7、用老职工带新职工、技术高的带技术低的方式培训。

8、对技术管理人员每个月底进行考核。

9、考核成绩与奖金挂钩，并以此作为选拔干部的条件。

3.2.10 事故应急处理制度

1、事故发生后应立即采取措施，限制事故发展、扩大，消除事故对人身和其他设备的威胁，确保正在运行的设备安全运行。

2、事故发生后，值班人员应尽快逐级向上汇报。如遇重大人身伤亡、设备事故，还应迅速向主管领导汇报。

3、处理事故时，运行人员必须坚守工作岗位，集中注意力保持设备的继续运行，发现对人身安全、设备安全有明显和直接的危险情况时，方可停止其它设备运行。

4、值班人员处理事故时，必须沉着、冷静，措施正确、迅速。凡是不参加处理事故的人员，禁止进入事故现场。

5、值班员应将事故从发生到各阶段的处理情况，包括事故发生时间、操作内容等作详细记录（含音响、闪光、气味、表计指示、开关位置和动作过的保护装置）。

6、发生事故后，要注意保护现场，将已损坏的设备隔离。

3.2.11 会议制度

1、管道所结合每月工程考核、安全检查等工作，召开一次工程管理例会，由管道所负责人组织，管理项目部人员、巡视人员等参加，内容包括：

1）传达上级单位相关要求、文件及指示精神，召开安全会议，布置落实下月主要工作；

2）组织开展员工业务技能培训；

3）听取工作汇报，查看现场，调阅台账资料；

4）协调需要研究的相关工作；

5）形成考核、检查结果，反馈整改意见。

会议原则

1）每次会议的议题不宜太多，可开可不开的会议坚决不开，可参加可不参加的人员不参加会议。

2）既要启发诱导与会者充分发表意见，又要注意控制离题和重复的发言。发言者应力求语言准确、简练，到会领导要避免人必讲话的惯例。

3）主持人要责成有关人员认真贯彻执行。会议时间不宜过长，会议组织者要负责整顿会风，反对迟到、早退和会上交头接耳等不良现象。

4）会议主持人应指定专人作好会议记录，有关办事机构要整理好记录，事后按档案管理办法立卷归档。

3.2.12 输水管道制度

标识应满足以下要求：警示牌醒目，整洁，无损；公告牌整洁，清晰，牢固；标识牌位置准确，内容清晰，牢固；界桩字迹清晰，位置正确，牢固无移位。覆盖层厚度满足设计要求，无缺损、塌陷、裸露现象。

非运行期维修项目要求如下：管道内维修项目应包括：淤积厚度≤2cm或参照设计要求；管道承插口处封堵修补，封堵密实平整，材料环保满足设计要求；疑似漏水接口按照设计要求做打压试验；钢管维修项目：淤积厚度≤2cm 或参照设计要求；除锈处理后钢管表面光滑无污垢，无附着物，防腐漆涂刷平滑，无漏涂、起皱、起泡、流挂、针孔、裂纹，厚度不均匀等现象，防腐材料环保满足设计要求；焊缝处理无气孔、夹渣、焊瘤、咬边、错口等缺陷，进行探伤检查。检修口维修后应封闭可靠。玻璃钢管管道内维修项目应包括：淤积厚度≤2cm 或参照设计要求；修补处厚度均匀、平整光滑无渗水，维修材料环保满足设计要求。

3.2.13 建筑物制度

标识应包括：警示牌醒目，整洁，无损；公告牌整洁，清晰，牢固；标识牌位置准确，内容清晰，牢固；界桩字迹清晰，位置正确，牢固无移位。暗渠覆盖层厚度满足设计要求，无缺损裸露现象。

防护设施应包括：基础牢固；立柱稳定；防护网护网完好，无缺损，无锈蚀。

附属建（构）筑物应包括：屋面无渗漏，无裂缝，排水系统完整通畅；顶棚无脱落、无裂缝、无变形；墙面无渗水，无裂缝，无污损；地面干净整洁，无损坏；门窗干净整洁、密封良好、开关灵活，锁具完好；楼梯踏步及两侧护栏完好；爬梯安全牢固、无缺损；照明灯具完好齐全，线路布置规范；避雷设施完整有效；进出道路地面平整、畅通，围栏完整、无锈蚀、油漆无脱落，管理范围内无杂草，无垃圾，无积水，无塌陷。

非运行期维修，对输水建（构）筑物及附属建（构）筑物的土石方工程塌陷等维修，维修后应恢复原貌，达到设计要求。对输水建（构）筑物及附属建（构）筑物的砌筑工程破损维修，勾缝、抹面，维修后应恢复原貌，达到设计要求。对输水建（构）筑物及附属建（构）筑物的混凝土工程裂缝、渗漏维修，维修后应无渗漏、无裂缝、表面平整，达到设计要求。对输水建（构）筑物内清淤工程，清淤后淤积厚度应≤5cm 或参照设计要求。

3.2.14 阀门制度

检修阀、排水阀、活塞式调流调压阀、偏心半球阀外观维护应包括：阀门铭牌内容清晰；标识、标牌固定在明显可见位置、内容清晰、编号齐全、正确；表面清洁、无积尘、无油污；油漆完好无脱落。

阀体维护应包括：阀体金属构件外观整洁，无锈蚀、无变形等现象；螺栓螺母紧固无松动，连接处无渗漏；阀体内清洁干净、无杂物、无汽蚀、无锈蚀；法兰垫片、密封胶圈等材料配件定期更换，且应符合要求；阀门动作应灵活无卡阻；阀门动作机构定期加注润滑油。

电动执行机构维护应包括：电动执行机构罩壳螺栓连接紧固无渗漏，电气接线端子连接紧固无打火现象；电动执行机构控制旋钮操作灵活、位置控制精准可靠、显示器开度指示与实际指示偏差在 2%以内，运行状态平稳无报警，电流指示正常，电机无过热现象，执行机构无缺油、异响，电气限位有效。

泄压阀外观维护应包括：阀门铭牌内容清晰，标识、标牌、编号齐全；表面清洁、无积尘、无油污；油漆完好无脱落；

阀体维护应包括：阀体金属构件外观整洁，无锈蚀、无变形等现象；螺栓螺母紧固无松动，连接处无渗漏；阀体内清洁干净、无杂物、无汽蚀、无锈蚀；法兰垫片、密封胶圈等材料配件定期更换，且应符合要求；阀门动作机构定期加注润滑油。

排气阀外观维护应包括：阀门铭牌内容清晰，标识、标牌、编号齐全；表面清洁、无积尘、无油污；油漆完好无脱落；

阀体维护应包括：阀体金属构件外观整洁，无锈蚀、无变形等现象；螺栓螺母紧固无松动，连接处无渗漏；阀体内清洁干净、无杂物、无汽蚀、无锈蚀；法兰垫片、密封胶圈等材料配件定期更换，且应符合要求；阀门动作机构定期加注润滑油；排气阀无堵塞，进、排气通畅。

4、巡视检查

4.1 巡视检查制度

1、工程检查分为日常检查、定期检查和特别检查。

2、日常检查：管道工程沿线配备一定数量的巡视员，每日由巡视人员对各自负责区域内的所有建筑物、机电设备、自动化设备、管理设施等工程设施设备进行巡查排查；

3、定期检查，管理人员对构建筑物、阀门、管道、机电设备、安全生产设施、消防设施、视频监控等管道沿线所有设施，每月定期检查一次；

4、特别检查，包括汛前汛后、暴雨前后、节前节后、调水前检查和调水后检查，以及当工程超标准运用、遭受地震或发生重大工程事故时。

1）调水前检查包括对工程设施、设备、维修项目、工程观测、预防性试验、环境管理、安全生产、规程、预案等按规定进行检查，在此基础上，对工程设备进行维修保养，查清并消除缺陷。

2）调水后检查是全面掌握工程设施基本情况，对易于解决的问题要及时解决，一时难于解决的问题，编制下一年的维修计划。

3）当工程超标准运用、遭受地震或发生重大工程事故时，必须及时对工程及设备进行全面检查。

管理人员应高度重视检查结果，对于发现的问题应及时汇报，除工程检查记录外，应建立问题台账，分析问题原因，落实整改措施、责任人和期限，抓紧落实整改。

4.2 巡视检查要求

输水管道应包括：管道无裸露，覆盖层无明显渗水、塌陷、上拱等现象；管理范围内无根深植物；保护范围内无违规施工建设项目，以及采砂、取土、爆破、堆压重物、堆放有毒有害物质、违规排放污水废水等危害输水管线工程设施安全的活动；警示牌、公告牌、标识牌位置准确、内容清晰、醒目整洁、牢固无损；e)界桩位置正确、字迹清晰、牢固无移位。

建（构）筑物及附属建（构）筑物应包括：外观整洁无开裂、变形、塌陷等；防护网完好、无缺损、无锈蚀；警示牌、公告牌、标识牌位置准确、内容清晰、醒目整洁、牢固无损；界桩位置正确、字迹清晰、牢固无移位；暗渠无裸露屋面无渗漏、裂缝、变形，顶棚无脱落，墙面无渗水、裂缝、污损，地面干净整洁、无损坏，门窗干净整洁、密封良好、开关灵活，锁具完好，灯具完好齐全，线路布置是否规范，楼梯踏步及两侧护栏完好，爬梯安全牢固、无缺损；排水系统完整通畅；避雷设施完整有效；进出道路地面平整、畅通，围栏完整、无锈蚀、油漆无脱落，管理范围内无杂草、无垃圾、无积水、无塌陷。井内支墩无位移、开裂；冬季井室（阀站）温度正常；

阀门应包括：表面清洁、无锈蚀、破损，铭牌完好；连接处无渗漏，零部件无缺损、裂纹、磨损现象，防腐无损坏；开度指示正常，执行机构无异响；调流阀、泄压阀、闸阀的阀前、阀后流量、压力正常；阀体无结冰、冻裂。

机电设备输电线路及通信线路设施完好，无鸟窝，树木无触碰，无乱接、乱拉现象。

高压设备应包括：安全护栏无锈蚀、油漆无脱落；防护门锁完好；安全警示标牌外观完好，字迹清晰；变压器防护房外观整洁、无破损，门锁完好；变压器控制柜外观干净整洁、无积尘、防护层完好、无脱漆、无锈蚀，整体完好，架构无变形，铭牌固定在明显可见位置，内容清晰；标识、标牌、编号齐全、正确，门锁完好；指示灯及仪表显示正常；无异常气味。

低压设备应包括：柜体外观是否干净整洁、无积尘、防护层完好、无脱漆、无锈蚀，整体完好，架构有无变形，铭牌是否固定在明显可见位置，内容是否清晰；标识、标牌、编号是否齐全、正确，门锁是否完好，抽屉是否完好；指示灯、按钮、仪表等设备是否齐全、完整，显示是否正常；有无异常气味。

控制盘柜应包括：柜体外观干净整洁、无积尘、防护层完好、无脱漆、无锈蚀，整体完好，架构无变形，铭牌固定在明显可见位置，内容清晰；标识、标牌、编号齐全、正确，门锁完好；内部及各部件清洁、无杂物、无积尘，电缆进出口封板完整、无小动物痕迹；主回路元器件完整无缺陷，继电器、PLC、保护模块、测量仪表及二次回路等各部位完好；照明正常；柜内接线编号清楚、规范有序、无松动脱落、无发热，电缆标牌齐全，元件、插件的固定螺栓无锈蚀；接地牢固可靠，标识清晰；PLC 与上位机通信正常；无异常气味。

直流屏、UPS 装置应包括：柜体外观干净整洁、无积尘、防护层完好、无脱漆、无锈蚀，整体完好，架构无变形，铭牌固定在明显可见位置，内容清晰；标识、标牌、编号齐全、正确，门锁完好；指示灯、按钮、仪表、触屏等设备齐全、完整，显示正常；内部及各部件清洁、无杂物、无积尘，电缆进出口封板完整、无小动物痕迹；元器件完整无缺陷，蓄电池、继电器、PLC、保护模块、测量仪表及二次回路等各部位完好；照明正常；柜内接线编号清楚、规范有序、无松动脱落、无发热，电缆标牌齐全，元件、插件的固定螺栓无锈蚀；无异常气味。

视频监控系统应包括：摄像机支架固定可靠，无锈蚀、损坏，标识清晰；接线规范、连接可靠，不影响摄像头转动；显示正常；监控视线无阻挡。

超声波流量计应包括：显示仪表外观干净整洁，无积尘、整体完好，标识、标牌、编号齐全、正确；流量数据传输、显示正常。

汽（柴）油备用发电机组应包括：机房干净整洁，机组干净整洁、无积尘、防护罩完好、无脱漆、无锈蚀，整体完好，架构无变形，铭牌固定在明显可见位置、内容清晰；标识、标牌、编号齐全、正确；各仪表读数、指示灯指示正常；无漏油、漏气、异常声响；风扇运行正常；e)各连接部件紧固，无锈蚀。

起重设备应包括：手、电动葫芦外观完好；齿轮损坏，钢丝绳有断丝、断股、露芯，扭结、腐蚀、弯折、松散、磨损等缺陷；吊钩防脱扣装置牢固可靠；操作信号灯正常。

其它各种安全工器具及日用品齐全、完好，摆放整齐；消防通道通畅，室内外消防栓、灭火器完好，在安全使用期限内；电缆桥架完好；建筑物、机电设备接地测试记录；其它可能影响调水工程运行、危害工程安全和供水安全的行为。

4.2 附表

福山管道段日常巡视记录表

桩号：

时间：

序号	巡查内容	巡查要求	发现问题	处理结果	日常维护内容
1	输水管道	a) 管道无裸露，覆盖层无异常；b) 管理范围内无违规施工建设项目 d) 界桩、围内无根深植物；c) 保护范围内无根深植物，标识牌内容清晰、无破损。			
2	建筑物	a) 外观整洁；b) 防护网完好、无缺损、无锈蚀；c) 屋面、墙面、门窗完好 d) 排水系统完整有效；e) 避雷设施完整通畅；f) 进出道路地面平整、畅通，管理范围内无杂草、无垃圾。			
3	阀门	a) 表面清洁，无锈蚀、破损，铭牌完好；b) 连接处无渗漏，零部件正常；c) 开度指示正常，执行机构无异响；d) 泄压阀、闸阀的阀前、阀后流量、压力正常。			
4	电气设备	a) 防护护栏无锈蚀、油漆无脱落 b) 安全警示标牌外观完好 c) 变压器防护房完好；d) 变压器控制柜整体完好 e) 指示灯正常及仪表显示正常；f) 无异常气味。			

5	视频监控系统	a) 摄像机支架固定可靠 b) 接线规范可靠 c) 显示正常；d) 监控视线无阻挡。		
6	其它	a) 各种安全工器具及日用品齐全、完好；b) 消防通道通畅、室内外消防栓、灭火器完好，在安全使用期限内		

巡视人签字：

构（建）筑物安全检查记录

建筑物名称：　　　　　　　检查人：　　　　年　　月　　日

序号	检查项目	检查标准	检查方法（或依据）	检查评价	
				符合	不符合及主要问题
1	建构筑物外部	1、无明显风化、鼓包 2、无外墙砖大面积脱离 3、无明显裂缝，梁、柱钢筋无外露、折断 4、无明显不正常沉降	现场检查		
2	建构筑物内部	1、屋顶无泄漏，楼板、梁等主要构件无变形、裂缝 2、排水系统通畅 3、电缆沟无积水 4、门窗完好，通风良好 5、安全疏散通道无杂物	现场检查		
3	建构筑物结构	1、结构完整 2、负载符合设计要求 3、承重情况无变化 4、基础无裂纹、不倾斜、不下沉	1、现场检查 2、查增添设备、罐体、悬挂、吊装和在建构筑物上开孔等有无详细书面报告 3、承重情况有较大变化时，查鉴定资料及核定意见书。		
4	防雷	1、避雷针无倾斜、断裂 2、引下线无明显锈蚀 3、阻值符合防雷要求	1、现场检查 2、查防雷中心检测报告 3、引下线间距不低于50		

		4、 引下线间距符合要求	米 4、 引下线截面积不低于Φ 8-10cm，阻值不低于 4-10 欧。		
5	消防设施	1、 消防器材完好	1、 现场检查 2、 查记录、标签		

干式变压器定期检查记录表

设备名称：   设备编号：

检查部位	检查及试运行标准	检查结果	备注
变压器室	室内照明设施工作正常；通风设备控制可靠，运转正常。		
设 备	变压器表面清洁、无积尘，接地连接可靠，无锈蚀；内部清洁，无灰尘。		100kVA 以下的 变压器接地点接 地电阻不大于 10Q，100kVA 以 上的变
	各电气连接部位紧固、无松动，		
	运行中变压器无异常气味，无		
	温控仪显示正常，手动测试风		
	"五防"符合要求，电磁锁工作正常。		
其 他	电气预防性试验是否合格。		

结论：

检查人员：　　　　　　　　　　　　检查日期：

视频监控系统定期检查记录表

检查部位	检查及试运行标准	检查及养护结果	备注
硬盘录像机	硬盘容量符合要求（可存储 15 天以上图 像），已设置录像状态，可在客户端远程调 用历史录像查询		
	机壳内、外部件及散热风扇清理；接插件、 板卡及连接件固定；电源电压、接地检查等； 显示器、鼠标、键盘等配套设备清理和检查； 硬盘录像机启动、自检、运行状态检查；网 络接口配置、运行状态、连通性检查		
视频管理计算机	计算机无积尘，无异常声响，输入设备完好， 操作可靠		
	软件运行稳定、流畅，画面调用灵活、可靠， 响应速度快		
	网络通信工作正常，系统软件有备份		
	操作权限设置明确		
投影仪/ 监视器	设备清洁无灰尘图像		
	图像质量清晰，无干扰		
摄像机	云台转动正常，焦距调节正常可靠，防护罩 清洁		
	固定装置稳定可靠，立杆有明显接地		
机柜	机柜清洁，网络交换机、光纤收发机等工作 正常，线缆布置整齐、蒂，线缆标签齐全		

试运行	选取重点部位监控点，确认回放图像正常		
其他			
结论：			

检查人员：   检查日期：

消防设备系统定期检查记录表

位置：

检查部位	检查及试运行标准	检查及养护结果	备注
消防设备	灭火器放置位置、数量配置合理，定期		
	消防工器具齐全、合理		
	消防通道指示牌工作正常		
	消防警示标语、标识布置完好		
其 他			
结论：			

检查人员：   检查日期：

输水管道定期检查记录表

位置：

检查部位	检查及试运行标准	检查及养护结果	备注
管线标志	警示牌醒目，整洁，无损;公告牌整洁，清晰，牢固;标识牌位置准确，内容清晰，牢固;界桩字迹清晰，位置正确，牢固无移		
覆盖层	覆盖层厚度满足设计要求，无缺损塌陷裸露现象		
PCCP 管道	淤积厚度符合要求；管道承插口处封堵修补，封堵密实平整，材料环保满足设计要求；无疑似漏水点。		
钢管	淤积厚度符合要求；除锈处理后防腐面平滑，无漏涂、起皱、起泡、流挂、针孔、裂纹等，防腐材料环保满足设计要求；焊缝处理平整，无裂纹，无夹渣，无气孔，管道承插口处封堵修补，封堵密实平整，材料环保满足设计要求；无疑似漏水点。		
玻璃钢管	淤积厚度符合要求；修补处厚度均匀、平整光滑无渗水，维修材料环保满足设计要求。		

检查人员：　　　　　　　　检查日期：

阀门定期检查记录表

位置：

检查部位	检查及试运行标准	检查及养护结果	备注
阀体	阀体整洁，无锈蚀、无漏油、无变形，标识、标牌、编号齐全、正确		

	阀门金属构件无丢失、损坏，阀门各连接处紧固、无锈蚀、无损坏、无缺失		
	阀体内无污物，锈蚀、气蚀，阀门动作灵活无卡阻		
	电气限位有效，到位自停，垫片、密封胶圈等材料配件定期更换		
电动执行机构	电动执行机构罩壳螺栓连接紧固无渗漏，电气接线端子连接紧固无打火，显示器开度指示与实际指示准确		
排气阀	排气阀排气灵活，排气正常；排气保温罩表面清洁，完整		
其 他			

结论：

检查人员：   检查日期：

安全用具定期检查记录表

位置：

检查部位	检查及试运行标准	检查及养护结果	备注
绝缘工具柜	存放环境干燥、通风，无腐蚀气体		
验电器	定期试验合格，试验报告完整		
	外观无裂纹、变形、损坏；各节连接牢固，无缺失；发声器自检完好，声光正常		
接地线	定期试验合格，试验报告完整		

	外观无裂纹、变形、损坏，各连接点牢固，接地线无断股		
绝缘操作杆	定期试验合格，试验报告完整		
	绝缘棒、钩环无裂纹、变形、损坏，各节连接牢固		
绝缘手套	定期试验合格，试验报告完整		
	表面平滑，无裂纹、划伤、磨损、破漏等 损厦 无针眼、砂孔，无粘结、老化现象		
绝缘靴	定期试验合格，试验报告完整		
	靴内无受潮，无老化现象		
标识标牌	外观完整无破损，标识内容清晰		
	标牌颜色、尺寸符合标准、规范要求		
其他			
结论：			

检查人员：　　　　　　　　　　　检查日期：

福山管道段特别检查记录表

检查时间		雨情	
工情			
序号	检查内容		检查结果
1	阀门井、排气井、排水井是否完整，是否有沉陷、位移		
2	阀门阀体是否变形，螺栓螺母是否紧固松动，连接处是否渗漏；阀体内清洁干净、无杂物、无汽蚀、无锈蚀		

3	管道覆盖层厚度是否满足要求，有无缺损、塌陷、裸露现象	
4	配电柜是否出现损坏或倾斜等现象。	
5	下穿工程有无裸漏，覆盖层是否被冲刷	
存在问题及原因分析		
维修方案及计划		

负责人：　　　　　　　　　　检查人员：

1）用于检查设备设施问题，明确安全风险点；

2)本表中"雨情"按照降水量的大小分类：划分为小雨、中雨、大雨、暴雨、大暴雨和特大暴

雨6个等级；

3）"存在问题及原因分析"应针对存在问题采取定性结合定量的方式进行描述，特殊情况应附 文、附图说明；

4）"维修方案及计划"应针对地震情况下泵站设施设备存在问题制定专项维修方案与实施计划。

4 运行调度

4.1 调度制度

4.1.1 调度管理制度

1、福山管道所工程的控制运用由福山管理站调度中心调度，管理所接受调度指令，填写调度指令记录表。

2、管理所长在收到上级调度指令时，编制开停机方案，下达给运行人员执行，执行完毕后，管道所将执行结果反馈调度中心。

3、如遇特殊情况工程无法按指令运行，管道所所长分析故障原因并抓紧排除，同时汇报调度中心，安排抢修人员帮助处理，如一时排除不了应采取应急措施确保问题不扩大。

4、调度指令接收、下达和执行情况应认真记录，记录内容包括：发令人、受令人、指令内容、指令下达时间、指令执行时间及指令执行情况等。

4.1.2 运行值班制度

1、在交班前 30 分钟由交接班人员查看安全运行情况、维修工作情况、交班内容，检查运行记录应无遗漏、运行工具应完整齐全。

2、当班人员要统一着装，挂牌上岗，举止文明，穿绝缘鞋。

3、值班人员不得擅离职守，如遇特殊情况必须离开岗位，应征得所长同意后方可离开。

4、严格执行"两票三制"，认真操作，坚决杜绝违章操作。

对检修的设备不验收不投运，工作票不终结不送电。

5、当班人员应随时关注分析运行数据，按实填写值班运行记录，要求记录详细、数据准确、字迹工整，无潦草涂改行为，严禁伪造数据。

6、接班人员在接班前先开班前会，提前15分钟进入现场进行交接班，查看运行日志及专用记录，全面了解设备的运行情况和检修情况，查看备用设备情况，检查检修安全措施情况。交班人员必须在交班完毕后集体离开工作岗位。

7、在交接班中如发现设备有故障时，交接班人员应相互协作予以排除。在接班人员同意后才能交班。

8、在处理事故或进行重要操作时不可进行交接班，待完成后再进行交接。

4.1.3 运行交接班制度

1、接班人员提前15分钟进入现场，查看运行日志及值班记录，全面了解设备的运行情况和检修情况，查看备用设备情况，检查正在检修的设备及安全措施情况。交班人员应主动交代本班的运行、检修情况及运行方式，并由双方人员共同对设备进行一次巡查。

2、值班人员应提前做好交接班的准备，将本班重要事项及有关情况记录齐全，交接班时向接班人员交待清楚，然后共同到现场进行一次巡视检查。接班人员对发现有异常运行的设备应重点检查，详细询问，做到心中有数，随时处理可能发生的情况。

3、处理事故进行重大操作时不得进行交接班，但接班人员可以在所长的统一指挥下协助工作，待处理事故或操作告一段落，经所长同意后方可进行交接班。交接班时如果接到调度指令，应待操作完成再履行交接班手续。

4、接班人员应认真听取交班人员的口头交待，务必做到全面清楚地掌握运行情况，交班人应认真回答接班人员的询问，认真听取接班人员对本班工作提出的意见，补做好未做完的工作方可离开现场。

5、交接班时应做到：看清、讲清、查清、点清，接班人员除检查各机电设备运行情况外，还需检查安全用具，环境卫生等。交接班时如双方发生意见分歧，应向双方班长汇报，由双方班长协商解决。

6、交班人员在未办完交班手续前不得私自离开岗位，如接班人员未到，交班人员应报告站长并继续值班，直至有人接替为止，但不可连值两班。延时交班时，交接班手续不得从简。

7、处理设备故障时的交接班规定：

（1）交接班时交班人员必须详细介绍运行情况，值班长除了自己进行交接班外，应负责检查班内其他人员交接班的情况。由于交接不清而造成设备事故的应追究接班者的责任。

（2）在交接班过程中如发现设备有故障时，交接班人员应相互协作予以排除。在接班人员同意后才能交班。

（3）在处理事故或进行重要操作时不应进行交接班，待完成后再进行交接。

4.1.4 金属及机电设备检查制度

1、正常情况下，值班人员应按要求记录设备运行行数据并巡视周边情况一次。

2、值班人员巡视时应认真负责，发现问题应及时采取妥善处置措施并上报。

3、注意观察变配电柜的运行情况，包括外观，仪表及指示灯指示，声音，气味，变压器温度，报警等情况：并记录变压器温度，变压器低压侧电压，有无异常报警等情况。

4、注意观察阀门控制箱等设备的运行情况，包括外观，仪表及指示灯指示，声音，气味等情况，并记录上下游管道水压。

5、注意观察阀门，阀门电动执行机构，排气阀等设备运行情况，包括外观，有无渗漏水现象及声音，异常声响，气味等情况：并记录阀门开度。

6、巡视周边环境时应庄意观察有无异常现象和声响，夜间巡视时还注意观察变压器高压进线令克处有无放电打火等异常现象。

7、巡视结束后应填写巡视检查记录。

8、遇有下列情况应增加巡视次数：

1）恶劣气候；

2）设备过负荷或负荷有显著增加时；

3）设备缺陷近期有发现时；

4）新设备或经过检修、改造或长期停用后的设备重新投入运行时；

5）事故跳闸和运行设备有可疑迹象时。

4、雷雨天气，需要巡视室外高压设备时，应穿绝缘靴，并不得靠近避雷器和避雷针。

5、发现设备缺陷或异常运行情况，应及时处理并详细记录，对重大缺陷或严重情况立即向上级汇报。

4.1.5 运行期管线巡视巡查制度

1、每班组巡查管线不少于 1 次，并详细记录巡查情况。

2、 注意观察管道覆盖层、管理范围内有无根深植物、保护范围内

有无违规施工建设项目等情况，若有异常立即阻止并上报；

3、注意观察管线界桩、警示牌、公告牌、标识牌内容等有无破损，

若有异常立即上报；

4、如若发现有地表渗水现象，要立即跟踪观察渗水来源并及时上报。

5、如若发现有危及管道运行安全的施工作业、大型车辆过往的，应

及时制止并上报。

6、巡查建筑物外观、防护网、屋面、墙面、门窗以及避雷设施完整

情况，确保管理范围内无杂草、无垃圾。

7、巡查阀门表面是否清洁、无锈蚀、破损，铭牌是否完好，连接处

是否渗漏，开度指示是否正常，执行机构是否无异响，闸阀的阀前阀后

流量和压力是否正常，若有异常立即上报。

8、注意观察电气设备防护护栏完整情况，安全警示标牌完整情况，

变压器防护房是否完好，指示灯及仪表是否显示正常，若有异常立即上报。

9、如若发现建筑物、设备或零部件缺失或被人为损毁的要保

护现

场，并立即上报。

10、巡查各种安全工器具及日用品是否齐全、完好，消防通道是否

通畅，室内外消防栓、灭火器是否完好，若有异常立即上报。

4.2 故障处置

4.2.1 输水管线工程运行故障处置

一、管理站及维护单位职责

1、管理站的职责应包括：

(1)负责辖区内运行故障处置管理工作；

(2)编制、上报III级辖区工程运行故障处置方案；

(3)组织实施III级工程运行故障处置工作；

(4)监督、指导辖区内维护单位运行故障处置工作。

2、维护单位的职责应包括：

(1)建立管理岗位责任制和管理规章制度；

(2)配合委托人做好工程运行故障处置工作；

(3)保障人员及设备的安全；

(4)承担运行维护工作；

(5)完成委托人指定的其他工作。

4.2.2 故障分级

1、Ⅰ级故障。发生下列情形之一的，为Ⅰ级故障：

(1)管道爆管，暗渠、隧洞坍塌；

(2)管道、暗渠、隧洞漏水量较大造成调水中断；

(3)机电设备无法正常工作造成调水中断；

(4)自动化系统瘫痪；

(5)其他外因造成调水中断。

2、Ⅱ级故障。发生下列情形之一的，为Ⅱ级故障：

(1)输水管线工程发生局部故障，影响正常调水；

(2)机电设备发生故障造成运行工况改变；

(3)自动化系统局部发生故障导致运行工况改变。

3、Ⅲ级故障。发生下列情形之一的，为Ⅲ级故障：

(1)管道、暗渠、隧洞发生渗水，不影响正常调水；

(2)排气阀不能正常进、排气；

(3)机电设备发生故障，不影响正常调水；

(4)部分压力、流量、水位等数据发生异常，不影响正常调水。

4.2.3 故障处置

1、处置流程

Ⅰ级故障处置流程应符合Ⅰ级故障处置流程的要求；Ⅱ级故障处置流程应符合Ⅱ级故障处置流程的要求；Ⅲ级故障处置流程应符合Ⅲ级故障处置流程的要求。

2、处置措施

Ⅰ级故障：（1）现场人员发现故障后，立即上报管理站，并做好记录，管理站及时采取先期处置措施，并排查故障原因，将情况逐级上报至省中心；（2）省中心根据情况，进行综合研判，按照《山东省胶东调水工程调水安全事故应急预案》，启动相应预案；（3）分中心、管理站应按相应预案组织实施。

Ⅱ级故障：（1）现场人员发现故障后，立即上报管理站，并做好记录，管理站及时采取先期处置措施，并排查故障原因，将情况逐级上报至省中心；（2）省中心根据情况，进行综合研判，调整运行工况，按照《山东省胶东调水工程调水安全事故应急预案》，启动相应预案；（3）分中心、管理站应按相应预案组织实施。

Ⅲ级故障：（1）现场人员发现故障后，立即上报管理站，并做好记录，管理站及时采取先期处置措施，并排查故障原因，将情况上报分中心，根据实际情况采取相应措施；（2)管理站上报

Ⅲ级工程故障处置方案至分中心，分中心审核、上报至省中心，Ⅲ级工程故障处置方案应符合附录 D 的要求；(3)管理站应按上级审批意见组织实施。

工程运行故障处置工作结束后，编写工程故障处置报告，Ⅰ级、Ⅱ级工程故障处置报告由分中心编写并上报省中心备案，Ⅲ级工程故障处置报告由管理站编写并上报分中心备案，工程故障处置报告的格式及内容应符合要求。

3、Ⅰ级故障处理流程

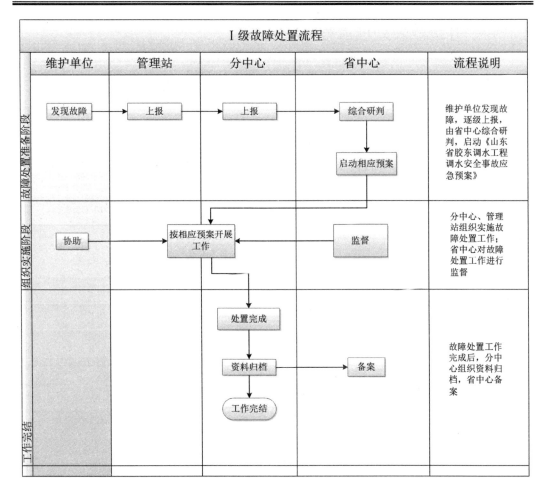

I级故障处理流程

4、 Ⅱ级故障处理流程

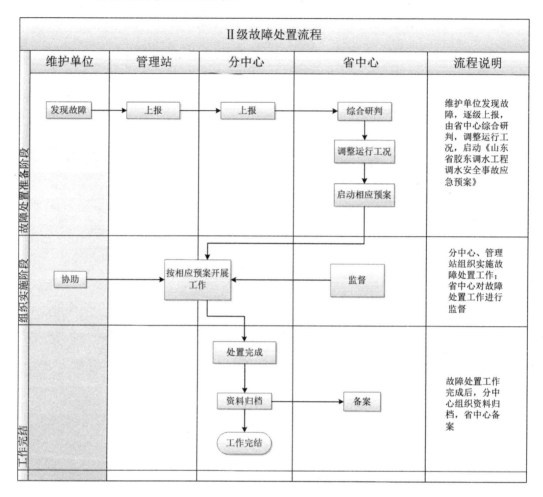

Ⅱ级故障处理流程

5、 III级故障处理流程

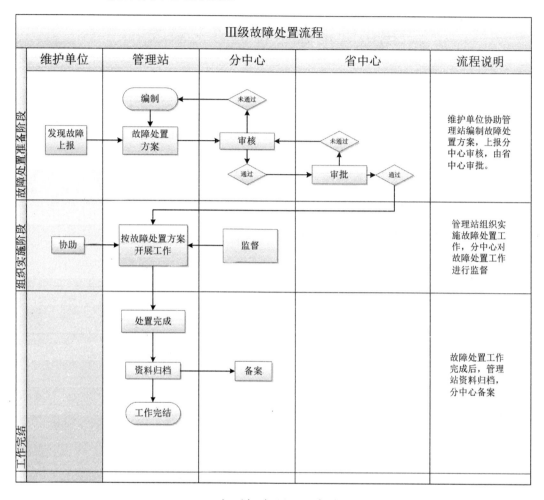

III级故障处理流程

4.3 附表

福山管道段运行值班记录表

天气：	温度（℃）：		湿度（%）：
	流量（m³/s）： 日过水量（m³）： 累计过水量（m³）：		
调度指令及执行情况			
工程运行情况			
设备故障、异常及维护情况			
其他			
交接班情况		交班人	
		接班人	

年　　　月　　　日

运行期间福山管道段巡视记录表

时间：

序号	巡查内容	巡查要求	发现问题	处理结果	备注
1	输水管道	a) 管道无裸露，覆盖层无异常；b) 管道管理范围内无根深植物；c) 保护范围内无违规施工建设项目 d) 界桩、警示牌、公告牌、标识牌内容清晰、无破损。			
2	建筑物	a) 外观整洁；b) 防护网完好、无缺损、无锈蚀；c) 屋面、墙面、门窗完好 d) 排水系统完整通畅；e) 遮雷设施完整有效；f) 进出道路地面平整、畅通、管理范围内无杂草、无垃圾。			
3	阀门	a) 表面清洁、无锈蚀、破损、铭牌完好；b) 连接处无渗漏，零部件正常；c) 开度指示正常，执行机构无异响；d) 泄压阀、闸阀的阀前、阀后流量，压力正常。			
4	电气设备	a) 防护栏无锈蚀、油漆无脱落 b) 安全警示标牌外观完好 c) 变压器防护房完好；d) 变压器控制柜整体完好 e) 指示灯及仪表显示正常；f) 无异常气味。			

5	视频监控系统	a) 摄像机支架固定可靠 b) 接线规范可靠 c) 显示正常；d) 监控视线无阻挡。			
6	其它	a) 各种安全工器具及日用品齐全、完好；b) 消防通道道通畅，室内外消防栓、灭火器完好，在安全使用期限内			

值班员：

III级工程故障处置方案

故障名称				
发现时间	年　月　日　时	发生地点		
情况描述				
处置方案	1、处置方案 2、预算			
申请人	福山管理站		申请时间	年 月 日
分中心意见				
省中心意见				

工程故障处置报告

一、处置内容：

二、处置方法：

三、原因分析：

四、完成预算情况：

五、处置结果：

5 输水管线工程维修项目质量评定

5.1 输水管线工程等级评定范围

本文件规定了山东省胶东调水工程输水管线工程等级评定的职责、评定条件、评定程序、评定结果及评定内容的有关要求。

5.2 输水管线工程等级评定职责

省中心、分中心负责评定过程的监督；分中心、管理站负责评定的具体实施。

5.3 等级评定

5.3.1 主要设备的等级评定

规定每 1 年应对福山管道的各类设备和金属结构进行等级评定。进行设备等级评定时，严禁靠近带电运行设备，与带电运行设备必须保持足够的安全距离，严格按照操作规程进行，做好个人防护，防止受到意外伤害。

评价范围应包括电气设备、辅助设备、金属结构和计算机监控系统等设备。等级分四类,其中三类和四类设备为不完好设备。

主要设备的等级评定应符合下规定:a) 一类设备:主要参数满

足设计要求,技术状态良好,能保证安全运行;b)二类设备:主要参数基本满足设计要求,技术状态基本完好,某些部件有一般性缺陷,仍能安全运行;c)三类设备:主要参数达不到设计要求,技术状态较差,主要部件有严重缺陷,不能保证安全运行;d)四类设备:达不到三类设备标准以及主要部件符合报废或淘汰标准的设备。

5.3.2 建筑物等级评定规定

每1~2年应对管道的各类建筑物进行等级评定。建筑物等级分四类,其中三类和四类建物为不完好建筑物。主要建筑物等级评定应符合下列规定:a)一类建筑物:运用指标能达到设计标准,无影响正常运行的缺陷,按常规养护即可保证正常运行;b)二类建筑物:运用指标基本达到设计标准,建筑物存在一定损坏,经维修后可达到正常运行;c)三类建筑物:运用指标达不到设计标准,建筑物存在严重损坏,经除险加固后才能达到正常运行;d)四类建筑物:运用指标无法达到设计标准,建筑物存在严重安全问题,需降低标准运用或报废重建。

5.4 附录

变压器设备评级表

编号：＿＿＿＿＿＿＿＿　　　　　　　　　　　　　　评定日期：＿＿＿＿＿＿＿＿

评级单元	评定项目及标准	检查结果		单元等级			备注
		合格	不合格	一	二	三	
变压器本体	表面清洁						
	绝缘良好，试验数据合格						
	高低压绕组表面清洁、无变形，绝缘完好，无放电痕迹，引线轴头、垫块、绑扎紧固						
	铁芯一点接地且接地良好						
分接开关	调节灵活可靠，接触良好						
	运行档位正确，指示准确						
高低压桩头	接线牢固、示温片未熔化						
	高低压套管清洁，瓷柱无裂纹、破损、闪烙放电痕迹						
	高低压相序标识清晰正确						
温控仪	接线可靠，温度指示准确						
	风机开停机温度设置正确						
接地	接地电阻符合要求						

风机	接线牢固，运行良好					
指示信号装置	温度计工作正常，指示准确					
	表计端子及连接线紧固、可靠					
运行性能	运行无异常振动、声响					
	运行温度符合要求					
技术资料	图纸资料齐全					
	检修资料、检修记录齐全					
	试验资料齐全					
设备等级评定	单元类别	数量	百分比		评定等级	
	一类单元					
	二类单元					

检查：   记录：   责任人：

设备评级表

编号：_____   评定日期：_____

评级单元	评定项目及标准	检查结果		评定等级			备 注
		合格	不合格	一	二	三	
进线柜避雷器	表面清洁，无灰尘积垢						
	引线接头牢固						
	绝缘良好，各项试验数据合格，试验资料齐全						
	表面无破损，无裂纹，无放电痕迹						
35kv 高压开关柜避雷器	表面清洁，无灰尘积垢						
	引线接头牢固						
	绝缘良好，各项试验数据合格，试验资料齐全						
	表面无破损，无裂纹，无放电痕迹						
10kv 高压开关柜避雷器	表面清洁，无灰尘积垢						
	引线接头牢固						
	绝缘良好，各项试验数据合格，试验资料齐全						
	表面无破损，无裂纹，无放电痕迹						

	表面清洁，无灰尘积垢						
0.4kv 高压开关柜避雷器	引线接头牢固						
	绝缘良好，各项试验数据合格，试验资料齐全						
	表面无破损，无裂纹，无放电痕迹						
设备等级评定	单元类别	数量	百分比	评定等级			
	一类单元						
	二类单元						

检查：　　　　　　记录：　　　　　　责任人：

蓄电池设备评级表

编号：_____　　　　　　　　评定日期：_____

评级单元	评定项目及标准	检查结果		评定等级			备　注
		合格	不合格	一	二	三	
蓄电池	表面清洁，无灰尘积垢，无漏液爬酸现象						
	蓄电池体无膨胀变形、发热现象						
	绝缘良好，无严重沉淀物						
	定期检查容量、电压应在正常范围，无过充、欠充现象						
	引线接头连接牢固						
设备等级评定	单元类别	数量		百分比		评定等级	
	一类单元						
	二类单元						

检查：　　　　　　　记录：　　　　　　　责任人：

直流屏设备评级表

编号：_____   评定日期：_____

评级单元	评定项目及标准	检查结果		评定等级			备注
		合格	不合格	一	二	三	
直流屏	表面清洁，柜体封闭严密、油漆完整，无变形						
	柜内整洁，无积垢，无小动物痕迹，电缆进出孔封板完整						
	直流系统运行方式正确，母线电压在允许范围内，指示灯指示正确						
	二次线接头无松动，发热现象，柜内保险无熔断						
	各开关、刀闸位置与实际相符						
	无缺相、输入输出过压、输入输出欠压、过热、过流、故障等异常指示信号						

	接地检测仪监测到的正负母线对地电压和绝缘电阻正常，按键开关位置正确，无报警信号					
	图纸资料、检修记录齐全					
设 备 等 级 评 定	单元类别	数量	百分比	评定等级		
	一类单元					
	二类单元					

检查：　　　　　　　　　　记录：　　　　　　　　责任人：

PLC 柜设备评级表

编号: _____　　　　　　　评定日期: _____

评级单元	评定项目及标准	检查结果		评定等级			备注
		合格	不合格	一	二	三	
PLC 柜	PLC 各单元工作稳定、可靠,符合设计要求						
	PLC 与上位机及保护系统通讯畅通						
	各电气元件动作稳定, 可靠						
	二次回路排列整齐, 标号完整正确, 绝缘良好						
	盘柜整洁, 端子及接线桩头紧固						
	资料完整, 图纸齐全、正确与现场实际情况相符						
	PLC 与上位机及保护系统通讯畅通						
	各电气元件动作稳定, 可靠						
	二次回路排列整齐, 标号完整正确, 绝缘良好						

盘柜整洁，端子及接线桩头紧固					
资料完整，图纸齐全、正确与现场实际情况相符					

设备等级评定	单元类别	数量	百分比	评定等级		
	一类单元					
	二类单元					

检查：　　　　　　　　记录：　　　　　　　　责任人：

监控主机设备评级表

编号：_____　　　　评定日期：_____

评级单元	评定项目及标准	检查结果		评定等级			备 注
		合格	不合格	一	二	三	
监	硬件配置满足系统要求						
	运行速度达到相关要求						
	与现场监控单元,保护装置等通讯良好						

控主机	表面整洁,各部位接线正确,排列整齐,图 纸说明书等齐全						

设备等级评定	单元 类别	数量	百分比	评定等级
	一类 单元			
	二类 单元			

检查：　　　　　　　记录：　　　　　　　责任人：

视频系统设备评级表

编号：_____　　　　　　评定日期：_____

评级单元	评定项目及标准	检查结果		评定等级			备注
		合格	不合格	一	二	三	
	摄像头视频图像清晰						
	视频摄像头工作良好，全景摄像头能灵活 调节						
	视频监控主机工作良好，能根据						

视频系统	需要记录 监控信息						
	视频控制器能准确完成所有摄像头的调 节						
	各摄像头表面整洁，室外摄像头定期擦拭						
	接线正确，接头紧固						

设备等级评定	单元 类别	数量	百分比	评定等级
	一类 单元			
	二类 单元			

检查：　　　　　　　　记录：　　　　　　　　责任人：

水工建筑物评级表

编号：_____   评定日期：_____

评级单元	评定项目及标准	检查结果		评定等级			备 注
		不合格	合格	一	二	三	
阀门井	泵站主副厂房结构完整，无超设计的沉陷、位移						
	泵房基础无异常变形，无不均匀沉陷；墙体完整，无裂缝、破损						
	伸缩缝无损坏、渗水、漏水						
	挡水结构无渗水窨潮						
	观测设备完好						
高位水池	水池结构完整，无裂缝，无不均匀沉陷和水平位移，防渗、反滤设施技术状况良好，防冲设施完好						
	断面尺寸基本符合设计要求、水尺等设置正确、齐全						
	护坡无冲刷、坍塌，护底反滤层完好，工作正常						
	导流墙无沉陷，底板无裂缝，与干渠衔接良好						
设备等级评定	单元类别	数量	百分比	评定等级			

	一类单元			
	二类单元			

检　查：　　　　　　　　　记　录：　　　　　　　　　责任人：

金属结构评级表

编号：_____　　　　　　　评定日期：_____

评级单元	评定项目及标准	检查结果		评定等级			备注
		合格	不合格	一	二	三	
检修阀	阀体金属构件外观整洁，无锈蚀、无变形等现象						
	螺栓螺母紧固无松动，连接处无渗漏						
	阀体内清洁干净、无杂物、无锈蚀						
	法兰垫片、密封胶圈等材料配件定期更换，且应符合要求						
	阀门动作应灵活无卡阻						
排气阀	阀体金属构件外观整洁，无锈蚀、无变形等现象						
	螺栓螺母紧固无松动，连接处无渗漏						
	阀体内清洁干净、无杂物、无锈蚀						
	法兰垫片、密封胶圈等材料配件定期更换，且应符合要求						
	阀门动作应灵活无卡阻						

	阀体金属构件外观整洁，无锈蚀、无变形等现象					
泄压阀	阀体金属构件外观整洁，无锈蚀、无变形等现象					
	螺栓螺母紧固无松动，连接处无渗漏					
	阀体内清洁干净、无杂物、无锈蚀					
	法兰垫片、密封胶圈等材料配件定期更换，且应符合要求					
	阀门动作机构定期加注润滑油					
电动头	电动执行机构罩壳螺栓连接紧固无渗漏，电气接线端子连接紧固无打火现象					
	电动执行机构控制旋钮操作灵活、位置控制精准可靠、显示器开度指示与实际指示偏差在 2%以内，					
	运行状态平稳无报警，电流指示正常，电机无过热现象，执行机构无缺油、异响，电气限位有效。					
	表面无破损，无裂纹，无放电痕迹					

设备等级评定	单元类别	数量	百分比	评定等级
	一类单元			
	二类单元			

检查：　　　　　　　　记录：　　　　　　　　责任人：

6 安全管理

6.1 安全管理制度

建立健全安全组织网络，成立安全领导小组，配备安全员，明确各自职责。

领导小组编制每年安全工作计划和安全生产经费预算，制定安全生产目标，及时调整安全组织网络；

每季度召开 1 次安全生产会议，传达上级安全生产文件、要求和精神，通报安全检查结果，分析安全态势，研究解决安全管理工作存在的重大问题，布置安全工作；每年举办 1 次安全生产月活动；组织安全检查，每周至少 1 次，消除安全隐患，安全培训每月至少 1 次；

领导小组审批辖管工程各类预案，负责组织和配合上级管理部门对辖管工程安全生产事故调查与处理工作。

组织管道段管理及巡视人员全员签订安全生产责任状，将安全生产与负责人绩效挂钩。

领导小组保证安全生产经费投入满足要求，安全措施落实到位；组织审查管道所防汛、反事故和综合预案；

领导小组按照安全管理要求落实好各类安全措施，为员工配置安全防护用品，确保安全设施完好，及时消除安全隐患。

规范特种设备和特种作业人员的管理，做到设备定期检测合格，人员持证上岗。

专职安全员负责安全生产活动记录，安全生产台账规范填写，及时上报安全月报；负责每日召开安全晨会 10 分钟以上，强调安全作业。

6.2 巡视安全制度

为规范巡视纪律，保证人员及设备安全，特制定本制度。

巡视人员应按规定的巡视路线对管道、阀门井、排气井以及排水井进行认真的巡视检查；

巡视期间，提倡步行巡视，严格遵守交通规则；

3、巡视期间，若驾驶机动车，驾驶员必须取得《机动车辆驾驶证》，车辆的装备、安全防护装置及附件应齐全有效，车辆安全技术状况务必符合国家交通安全标准，交通安全有关的证照资料齐全，否则严禁使用；

4、严禁酒后驾车，身体疲劳或患病等有碍安全操作时，严禁驾驶机动车；

5、驾驶机动车，车辆的状况和各项安全技术性能必须完好合格，要定期由机动车安全技术部门检验机构进行检验合格后方可使用，不得开"病车"上路；

6、驾驶电动车的，应检查车辆的刹车、胎压、电量等是否符合安全行驶规定，严禁驾驶"病车"上路；

7、驾驶电动车，必须按要求佩戴头盔，遵守交通规则安全驾驶，避免发生违章事故，严禁疲劳驾驶和酒后驾车，严禁带人行驶；

8、恶劣天气下（大雪、大雨、大雾），严禁行驶电动车巡视；

9、行驶机动车、电动车时严禁拨打电话等危害交通安全的行为，严禁超速行驶。

6.3 安全器具管理制度

1、安全器具由受托单位安排专人负责管理。绝缘靴、绝缘手套、绝缘棒等电气安全器具需按规定定期试验，贴有试验合格标签，不符合规范要求的应及时更换。

2、登高安全器具、安全网、安全帽专人保管，编号管理，每年检查一次，存放在干燥通风、无鼠害的工器具柜，保持清洁，对不符合安全要求的及时报废。

3、新购置的安全器具应具有安全生产许可证、产品合格证和安全鉴定合格证。

4、电气安全器具应定点摆放在运行现场专用安全工具柜内，一般不得外借，不得用于非电气工作。

5、电气安全器具和其他作业的安全器具，使用前必须严格检查，不合格的不准使用。

6、电力安全工器具的保管必须满足国家和行业标准及产品说明书有关要求。

7、报废、未经试验、逾期未试验或试验不合格的电力安全工器具应明确标识并与正常使用的分开存放。

8、电力安全工器具实行分类编号、定置存放，同类型电力安全工器具编号不得重复。

9、存放处应设有标志和定置摆放图。电力安全工器具的编号与存放处标志应一致，对号存放。

10、电力安全工器具应按照定置管理要求存放在干燥、通风良好，无腐蚀的室内或柜内，其中：

1）安全工具有恒温恒湿功能的，温湿度设置必须在以下规定范围内。

2）绝缘安全工器具应存放在温度-15℃～35℃，相对温度5%～75%的干燥通风的工具（柜）内。验电器、绝缘操作杆、绝缘夹钳、绝缘靴、绝缘手套、绝缘隔板等基本绝缘安全工器具使用后应擦拭干净，检查外观及各项指标是否正常，如正常应立即归置，不正常应立即报告。

3）橡胶类绝缘安全工器具应存放在封闭的柜内或支架上，上面不得堆压物件，不得接触酸、碱、油品、化学药品或在太阳下爆晒，并保持干燥、清洁。

4） 安全围栏（网）应保持完整、清洁无污垢，成捆整齐存放在安全工具柜内。

6.4 消防器材管理制度

1、消防器材由管道所安排专人管理，定点放置，不得移作它用。

2、消防器材按规范合理设置，设卡登记管理。

3、消防器具应每月定期检查维护1次，保证使用可靠。对不符合要求的消防器材应及时更换。

4、消防报警系统应每年由专业安全检测机构进行1次检测，确保正常使用。

5、定期开展消防培训演练，确保每个员工正确掌握消防器具使用方法。

6、经常检查消防通道，保持畅通。

6.5 有限空间作业方案

应严格执行"先检测、后作业"的原则。检测指标包括氧浓度值、易燃易爆物质浓度值、有毒气体浓度值等。最低限度应检测下列三项：氧浓度易燃、可燃气体浓度、一氧化碳浓度.

未经检测合格，严禁作业人员进入有限空间。

严格执行作业审批制度，经作业负责人批准后方可作业；

在作业环境条件可能发生变化时，应对作业场所中危害因素进行持续或定时检测。实施检测时，检测人员应处于安全环境，检测时要做好检测记录，包括检测时间、地点、气体种类和检测浓度等。

应为作业人员配备符合国家标准的通风设备、检测设备、照明设备、通讯设备、应急救援设备和个人防护用品。当有限空间存在可燃性气体和爆炸性粉尘时，检测、照明、通讯设备应符合防爆要求，作业人员应使用防爆工具、配备可燃气体报警仪等。

防护装备以及应急救援设备设施应妥善保管，并按规定定期进行检验、维护，以保证设施的正常运行。呼吸防护用品的选择应符合《呼吸防护用品的选择、使用与维护要求》缺氧条件下，应符合《缺氧危险作业安全规程》要求。应配备全面罩正压式空气呼吸器或长管面具等隔离式呼吸保护器具，应急通讯报警器材，现场快速检测设备，大功率强制通风设备，应急照明设备，安全绳，救生索，安全梯等。

实施有限空间作业前，坚持先检测后作业的原则，在作业开始前，对危险有害因素浓度进行检测，凡要进入有限空间危险作业场所作业，必须根据实际情况事先测定其氧气、有害气体、可燃性气体、粉尘的浓度，符合安全要求后，方可进入。在未准确测定氧气浓度、有害气体、可燃性气体、粉尘的浓度前，严禁进入该作业场所；

作业种必须采取充分的通风换气措施，加强通风换气，严禁用纯氧进行通风换气。在氧气浓度、有害气体、可燃性气体、粉尘的浓度可能发生变化的危险作业中应保持必要的测定次数或连续检测;作业时所用的一切电气设备,必须符合有关用电安全技术操作规程。照明应使用安全矿灯或 36 伏以下的安全灯,使用超过安全电压的手持电动工具,必须按规定配备漏电保护器;作业人员必须配备并使用安全带、隔离式呼吸保护器具等防护用品;必须安排监护人员,监护人员应密切监视作业状况,不得离岗;发现异常情况,应及时报警,严禁盲目施救;

作业中发现可能存在有害气体、可燃气体时,检测人员应同时使用有害气体检测仪表、可燃气体测试仪等设备进行检测。检测人员应佩戴隔离式呼吸器,严禁使用氧气呼吸器;有可燃气体或可燃性粉尘存在的作业现场,所有的检测仪器、电动工具、照明灯具等,必须使用符合《爆炸和火灾危险环境电力装路设计规范》要求的防爆型产品;

对由于防爆、防氧化不能采用通风换气措施或受作业环境限制不易充分通风换气的场所,作业人员必须配备并使用空气呼吸器或软管面具等隔离式呼吸保护器具;

作业人员进入有限空间危险作业场所作业前和离开时应准确清点人数。进入有限空间危险作业场所作业,作业人员与监护人员应事先规定明确的联络信号;

如果作业场所的缺氧危险可能影响附近作业场所人员的安全时,应及时通知这些作业场所的有关人员;

严禁无关人员进入有限空间危险作业场所,并应在醒目处设豿警示标志;在有限空间危险作业场所,必须配备抢救器具,如:呼吸器具、梯子、绳缆以及其它必要的器具和设备,以便在非常情况下抢救作业人员;

在密闭容器内使用二氧化碳或氩气进行焊接作业时，必须在作业过程中通风换气，确保空气符合安全要求；

当作业人员在与输送管道连接的密闭设备内部作业时必须严密关闭阀门，装好盲板，并在醒目处设立禁止启动的标志；

当作业人员在密闭设备内作业时，一般打开出入口的门或盖，如果设备与正在抽气或已经处于负压的管路相通时，严禁关闭出入口的门或盖；

在地下进行压气作业时，应防止缺氧空气泄至作业场所，如与作业场所相通的设施中存在缺氧空气，应直接排除，防止缺氧空气进入作业场所。

6.6 安全教育培训制度

1、行政后勤主管负责对管道所安全教育培训工作的统一管理和资料存档。

2、管道所所长负责管道所人员的一级安全培训工作的实施；各负责人负责部门人员的二级、三级安全教育及其他安全教育工作的实施。

3、基本要求

4、安全教育和培训对象包括：

（1）值班长；

（2）新入职员工、在岗作业人员；

（3）作业人员转岗、离岗一年以上重新上岗人员；

（4）新工艺、新技术、新材料、新设备、新流程投入使用前，相关管理、操作人员；

（5）特种作业及特殊岗位人员；

（6）相关方人员及外来人员。

5、培训教育管理。管道所应严格执行安全培训教育管理制度，依据国家、地方及行业规定和岗位需要，制定适宜的安全培训教育目标和要求。根据不断变化的实际情况和培训目标，定期识别安全培训教育需求，制定并实施安全培训教育计划。

6、管道所所有在岗人员全部经过三级安全教育并考核合格，每年按要求完成再培训规定学时，未经安全教育并考核合格的人员不得上岗；外来人员进入管道所全部经过相应的培训，外来施工人员考核合格后方可进入管道所作业。

7、每年12月底，管道所根据实际培训需求情况，向管理站申报下年度的培训计划（包括培训内容、对象、时间、地点、考核方式、等项目）。

6.7 交通安全制度

1、行政后勤主管是管道所小汽车交通安全管理工作的主管人，应定期开展场内机动车驾驶员安全教育培训，建立场内机动车安全技术管理档案，组织进行车辆的检查、检测；

2、管道所站长是交通安全第一责任人；

3、行政后勤主管应建立机动车辆及驾驶员安全管理制度，明确机动车辆的使用、维护、保养、检查、检测的要求；

4、驾驶员必须取得《机动车辆驾驶证》，在驾车时严格遵守《中华人民共和国道路交通法》；

5、驾驶员必须树立良好的职业道德和驾驶作风，遵章守纪，文明行车，按时参加安全学习；

6、场内机动车驾驶、操作人员必须遵守下列规定：

（一）作业时应携带驾驶证或特种作业资格证；

（二）不准驾驶或操作与证件不相符的设备。驾驶室内不得超额载人，车斗内不得载人。

（三）不得酒后操作。不得在驾驶或操作时进行其它有碍安全的活动；

（四）身体疲劳或患病等有碍安全操作时，不得驾驶或操作；

7、任何人不得强迫驾驶员违法违章驾车，严禁酒后驾车、疲劳驾驶或将车交给无证人员驾驶，严禁交通肇事后逃逸。

8、机动车辆购置应按管道所的规定进行，使用中应做好维护保养工作。如涉及租用、借用车辆，须签订合同，并按照有关交通安全法规，由双方签订交通管理安全协议书。按照国家有关法规，履行和办理各级政府公安交通部门规定的管理职责和相应手续；

9、车辆状况、各项安全技术性能必须保持完好，机动车辆应定期由机动车安全技术部门检验机构进行检测和检验合格，合格后使用，不得开"病车"上路。对已达到报废条件的机动车辆应强制报废，并及时办理报废、回收、销户手续，以保证机动车辆车况良好。

10、机动车辆管理应遵守国家关于机动车辆的安全管理规定，车辆的装备、安全防护装置及附件应齐全有效，整车技术状况、污染物和噪声排放应符合国家有关规定，全车各部位在发动机运转及停车时应无漏油、漏水、漏电、漏气现象，车容整洁，车辆安全技术状况不符合国家有关标准或交通安全有关的证照资料不全或无效的，严禁使用.

6.8 消防安全管理制度

1、定期对消防设施设备配置进行检查、及检测，确保设施完好。检查重点包括但不限于：仓库、宿舍、厂房及重要设备旁配有足够的灭火器材等消防设施设备；消防设施设备有防雨、防冻措施；防火重点部位或场所以及禁止明火区需动火作业时，严格执行审批制度；

2、设有自动消防设施，应当定期检查测试自动消防设施，并将检测报告存档备查；

3、定期对灭火器材进行维护保养。

4、对下列违反消防规定的行为，应当及时予以消除：

（1）将火种带入易燃易爆危险物品场所、在禁止烟火区域使用明火、在禁烟场所吸烟等违章行为；

（2）将安全出口上锁、遮挡，或者占用、堆放物品影响疏散通道畅通；

（3）消火栓、灭火器材被遮挡、被挪作他用或其他原因影响使用；

（4）消防设施管理人员、值班人员和消防巡查人员脱岗；

（5）违章关闭消防设施、切断消防电源；

（6）其他违反消防规定的行为。

5、对检查出的火灾隐患，应组织有关人员，按整改要求对火灾隐患进行彻底整改：火灾隐患整改结束后，责任人上交隐患整改单。对不具备安全条件的部位应停止生产活动。

6、管理所对隐患整改情况进行检查验收，作好检查验收记录。

7、消防隐患整改完毕后，管道所应当将整改情况存档备查。

8、管道所应当制定火灾应急预案，必要时，按照预案至少每年组织一次演练，组织全员学习和熟悉灭火和应急疏散预案；

10、管道所应当建立防火重点部位和场所档案；建立消防设施设备台账；建立灭火器材配置、维修、保养的档案资料，记明配置类型、数量、设置位置、检查维修单位（人员）、更换药剂的时间等。消防档案应由管道所统一保管。

6.9 防汛值班制度

1、为做好管道工程的安全度汛工作，汛前要组织防汛抢险队伍，做好通讯、照明、运输、备用电源、防汛器材等方面的防汛准备工作。

2、汛前要编排公布值班人员名单，明确值班负责人及值班任务，安排好现场巡逻队，掌握工程状态的变化。

3、及时了解掌握汛情。

4、建立防汛值班记录制度，做好电话、电报记录，尤其是遇大暴雨或上游泄洪时，要记全记详，以备查阅并归档保存。

5、按时请示传达报告；对于重大汛情及灾情要及时向上级汇报；对需要采取的防洪措施要及时请示批准执行；对授权传达的指挥调度命令及意见，要及时准确传达。

6、了解掌握本工程设施发生的险情及其处理情况。

7、严格执行交接班制度，认真履行交接班手续。

8、值班人员和值班负责人不负责任，玩忽职守，造成不良后果的，要按有关规定追究有关人员责任。

6.10 电动葫芦安全操作制度

1、操作人员应熟悉掌握安全技术操作规程；

2、起吊前应对机械、电气系统进行检查，确保吊钩无裂纹、钢丝绳不断丝断股、上下限位动作灵敏，制动器制动性能良好。

3、操作人员应站在安全位置，精力集中，密切关注吊件运东状态和吊装场地人员状况。经过安全确认后，"点动"起车。

4、起吊时，吊物应捆扎牢固、重心平稳，并在安全路线上通行。严禁重物在头上越过。高空作业，应在吊物下方设置警戒区，专人看守。

5、电动葫芦钢丝绳，在卷筒上要缠绕整齐。当吊钩放到最低位置时，卷筒上的钢丝绳安全圈不得少于 2 圈，压板、楔铁、绳卡齐全牢固。

6、起吊时，确保吊装场地畅通、洁净、无杂物。由于故障造成的重物下滑，要采取紧急措施，紧急向没有人的区域下放重物。

7、起吊重物，必须做到垂直起升，严禁斜拉重物或将其作为拖拉工具，坚持"十不吊"。

8、工作完毕，电动葫芦应停在指定位置，吊钩升起，并切断电源。

6.11 电气焊工作安全制度

1、焊接工作要有专人负责，焊工必须经培训考试合格，取得操作证方可进行焊接作业。

2、离焊接处 5m 以内不得有易燃易爆物品，工作地点通道宽度不得小于 1 m。高空作业时，火星所达到的地面上、下没有易燃易爆物。

3、工作前必须检查焊接设备的各部位是否漏电、漏气，阀门压力表等安全装置是否 灵敏可靠。乙炔、氧气等设备必须检查各部位安全装置，使用时不得碰击、振动和在强日光下暴晒。气瓶更换前必须保持留有一定的压力。乙炔气瓶储存、使用时必须保持直立，有防倾倒措施。

4、贮存过易燃物品的金属容器焊接时，必须清洗，并用压缩空气吹净，容器所有通气口打开与大气相通，否则严禁焊接。

5、施焊地点应距离乙炔瓶和氧气瓶 10m 以上，乙炔气瓶与氧气瓶的距离不小于 5m。不得在储有汽油、煤油、挥发性油脂等易燃易爆物的容器上进行焊接工作。不准直接在木板或木板地上进行焊接。

6、焊接人员操作时，必须用面罩，戴防护手套，必须穿棉质工作服和皮鞋，以防灼伤，保证良好通风，在高空作业时应系好安全带。电极夹钳的手柄外绝缘必须良好，否则应立即修理，如确实不能使用，应立即更换。

7、在焊接工作之前应预先清理工作面，备有灭火器材，设置专人看护。工作前检查电焊机和金属台应有可靠的接地，电焊机外壳必须有单独合乎规格的接地线，接地线不得接在建筑物和各种金属管上。气焊工作停止后，应将火熄灭，待焊件冷却，并确认没有焦味和烟气后，操作人员方能离开工作场所。四级风以上天气严禁使用气焊设备。

8、焊接中发生回火时，应立即关闭乙炔和氧气阀门，关闭顺序为先关乙炔后再关氧气，并立即查找回火原因。

9、氧气瓶、氧气管道、减压器及一切氧气附件严禁有油脂沾污，防止因氧化产生高　温引起燃烧爆炸。

10、乙炔气瓶必须安装回火防止器，阀门应保持严密。乙炔、氧气管道、压力表应定期清洗试压检测。

6.12砂轮机安全操作制度

1、砂轮不准装倒顺开关，旋转方向禁止对着主要通道。

2、工作托架必须安装牢固，托架平面要平整。

3、操作时应站在砂轮的侧面，不可正对砂轮，以防砂轮片破碎飞出伤人。不准两人同时使用一个砂轮。

4、砂轮机防护罩齐全，使用砂轮时应戴防护眼镜。

5、砂轮不圆、有裂纹或磨损剩余部分半径不足 25mm 的不准使用。

6、手提电动砂轮机应使用三芯电源线，外壳应接地，电源线不得有破皮漏电现象， 使用时要戴绝缘手套，先启动，后接触工件。

6.13 附表

1、检查问题整改告知书

年   月   日

被检查单位	
带队领导	
存在问题	
整改要求	

整改责任人 签字	
检查组 确认签字	

注：本表一式三份：检查领导、整改单位、整改责任人各一份留存。

2、山东调水福山管道段安全隐患整改验收表

排查时间		排查类型		隐患类型	
管理单位		责任部门		责任单位现场负责人	
隐患整改情况	整改内容				
	整改要求				
	整改时限			月 日	
	整改情况				
整改现场照片					
验收情况	验收小组成员意见(签字)	姓名		验收意见	

		验收组验收意见（签章）	意见：	
				年　月　日

3、安全教育培训记录

培训时间		培训地点		主讲教师	
培训对象				培训学时	
培训主题					
培训目的					
培训内容					

培训总结与 考核情况	

4、安全教育培训效果评估表

部门/单 位		培训时 间	
地点		培训方 式	
培训课 时		授课老 师	
培训内 容			

1、是否有对学员进行书面考核	☐ 是		☐ 否	
2、学员培训中的有无迟到、早退现象	☐有		☐无	
3、培训中学员的态度	☑ 非常满意	☐满意	☐ 一般	☐差
4、培训中学员的互动情况	☑ 非常满意	☐满意	☐ 一般	☐差
5、学员对培训项目的反映情况	☑ 非常满意	☐满意	☐ 一般	☐差
6、学员是否学习到培训中所学的技能	☑是	☐否	☐ 其它	
7、学员工作技能是否有所提高	☑是	☐否	☐ 其它	

8、学员技能提高与培训是否有关	☑是	□否	□ 其它	
9、学员工作是否有创新	☑是	□否	□ 其它	
10、结合培训目标是否达到培训期望得到的效果	☑是	□否	□ 其它	
评估人综合评价			评估人：	
改进建议				

5、安全生产晨会记录表

晨会日期及时间		晨会地点	
组织班组		主持人	
参加人数		记录人	

晨会记录	1、**检查与会人员状态**：与会人员状态是否存在异常情况：是□　否□（在相应□内划"√"） 2、**安排部署工作任务**：（传达贯彻上级及企业会议、文件精神、安全生产安排，布置当班工作任务） 3、**安全教育培训内容**：（结合现场实际、每个环节、工序、作业点，点评解析存在的隐患，提出应急措施和整改办法） 4、**强调注意事项**：（结合当班工作任务、重点工作、应知应会、工艺参数、防护装备穿戴、应急装备穿戴等重点内容抽查2-3人，结合事故案例开展警示教育）

参会人员签到记录

序号	姓名	序号	姓名	序号	姓名
1		7		13	
2		8		14	
3		9		15	
4		10		16	
5		11		17	
6		12		18	

备注：

1、晨会要在各班组上班前进行，要组织会前点名；

2、晨会时间不少于 5 分钟；

3、晨会应在监控视频范围内进行，以便核查监督。

6、消防设施设备台账

单位名称：　　　　　　　　　　　　　　　　　　责任人：

序号	设备名称	规格	出厂日期	产品合格证书	使用日期	使用许可证号	安装地点	设备编号	备注
1									
2									
3									
4									
5									
6									
7									
8									
9									
10			0						

7、职工安全生产承诺书

本人自愿接受单位安全领导小组的管理，并郑重承诺，在工作中严格履行以下职责和义务：

1、严格遵守国家法律、法规和单位、科室的各项安全规章制度和安全管理规定，积极参加本单位、科室组织的各项安全活动，牢固树立"安全第一， 防范为主"的思想，切实履行岗位安全和工作职责，防范各类安全事故发生。

2、自愿接受单位、科室、班组等各级安全和业务技能（学习）与培训，努力提高自身安全及工作业务技术水平，增强安全防范意识，做到"三不伤害"。

3、严格遵守单位关于本岗位（或工种）的《安全技术操作规程》，认真按《工艺规程》、《作业指导书》进行作业，做到不违章操作、不违反劳动纪律、不冒险操作。

4、保持工作现场规范化、标准化，杜绝"跑、冒、滴、漏"现象。

5、经过培训后，能正确使用和维护本岗位的安全防护装置，以及本人的劳动防护用品。在操作过程中，必须合理佩戴劳动防护用品。

6、熟悉本岗位安全操作规程，掌握本岗位安全技能，懂得本岗位的危险性、预防措施和应急方法，会报警，会使用救急工具和消防器具。

7、积极参加单位的事故隐患检查和整改工作，在工作中发现事故隐患或者其他危险（危害）因素，立即向上报告，并配合单位进行解决。

8、发现生产安全事故时，及时向上报告，积极参与单位的事故应急救援工作，在救援中服从上级的指挥。

9、切实做好自身安全防护工作，注意车辆行驶安全的安全。

10、强化自身安全意识，在生产过程中对自己的人身安全负直接责任。如严重违反安全生产的有关规定，并承担相应后果。

职工（签字）：

年　　月　　日

8、巡视期间行车安全承诺书

为了充分认识安全行车的重要性，严格遵守本单位管理规定，始终恪守职业道德和交通法规，进一步落实地面行车安全，我郑重承诺：

一、认真学习并自觉遵守《中华人民共和国道路交通安全法》及其相关《实施细则》，以及《福山管道巡视安全行车制度》，严格执行当地交通安全管理部门和单位安全行车管理制度，牢固树立"零违章、零事故、零伤亡"的安全理念；

二、积极参加单位组织的交通安全教育学习和培训，接受定期安全知识、驾驶技能和机械常识的考核培训；

三、自觉遵守驾驶员文明行车职业道德规范，坚决服从交警和单位的管理，不超速行车、不酒后驾车、不争道抢行、不疲劳驾车、不开赌气车、不乱停放车辆；

四、保证在行车时系扣安全带，佩戴安全帽，并经常检查车辆安全状况，注重车辆的维护保养，检查刹车完好性，绝对不开带病车辆，严格按照规程操作车辆，杜绝车辆机械事故的发生；

六、若发生交通事故，及时向交警部门、单位报告，绝不擅离事故现场或逃逸，因个人违章和不遵守单位安全制度行为，发生道路交通不安全事件，由本人承担一切经济和法律责任。

我已接受巡视期间行车安全教育，并熟知《管道巡视安全行车制度》及《巡视期间行车安全承诺书》内容，本人承诺认真执行，如违反本承诺，自愿承担相应责任。

巡视路段：　　　　　　　承诺人：

年　　　月　　　日

9、防汛值班记录表

_____年_____月_____日

值班时间	____时 _____分 至 时____分	天　气	降雨： 强风：
值班人员		交 班 时 间	
接班人员		接 班 时 间	

沿线情况（工程、雨情、汛情、强风等）	
工作联络记录（时间、内容、收发人等）	
存在问题及处理情况	

10、防汛物资记录表

序号	品名	型号	单位	数量	储备位置及情况	使用/购置情况						剩余数量	使用/购置人签名
1													
2													
3													

4						

填写要求：

1）防汛物资主要包括袋类、土工布、砂石料、铅丝、木桩、钢管、救生衣、发电机组、便携式工作灯、投光灯、电缆等。备品备件需根据现场维修养护工作情况，科学采购备件，在设备出现故障时及时取用，修复设备。

2）变动登记表的品名要与实时统计表中品名一致，以实时统计的数量为依据，储存位置具体到防汛物资储备仓库的货架号。

"使用/购置情况"按照"年　月　日，某某人因使用（数量）/购置（数量）"。

11、物资入库接收凭证

编号：No.2022.R00

序号	物料名称	规格	单位	入库数量	实收数量	备注
1						
2						
3						
4						
5						
6						
7						
8						

入库人：　　　　　　　站所负责人：　　　　　　　仓库管理员：

时　间：　　　年　　月　　日

本表一式两份，移交单位一份，接收单位一份，（此联接收单位留存）

································单位（盖　　章）································

12、物资入库接收凭证（存根）

编号：No.2022.R00

序号	物料名称	规格	单位	入库数量	实收数量	备注
1						
2						
3						

4					
5					
6					
7					
8					

入库人：　　　　　　　　站所负责人：　　　　　　　仓库管理员：

时　间：　　年　　月　　日

本表一式两份，移交单位一份，接收单位一份，（此联移交单位留存）

7 信息化管理

7.1 信息化建设

自动化管理平台是利用计算机系统将安全生产管理各要素有机串联，实现动态、闭环的过程管理，目的在于：

（1）规范管理模式，为职工提供统一、标准和协作的管理接口；

（2）使隐患整改、危险辨识等协作流程管理程序节点清晰、责任明确、闭环跟踪；

（3）实时收集、统计、分析管控过程数据，便于管理者决策；

（4）实现系统资源内部共享，形成经验交流平台；

（5）推进无纸化办公，节约安全管理成本，提高效率。

运用技术开发的管道段自动化管理信息系统，能够全面、准确、有效地对各阶段管道信息进行管理，能够远程操控开关阀门、查看管道运行状态，为调度运行、大修岁修、安全生产等部门提供基础信息。当前自动化管理系统已涵盖了管道工程全线，每个阀门井内都设置有监控摄像头、流量传输系统、语音系统、现场IP电话等，已在 2020 年-2021 年度调水运行中投入使用，效果显著。

7.2 网络管理制度

11.2.1 网络管理机构及职责

1、管道所职责包括：根据网络架构规划，确定每年网络维护工作的目标；负责管道段接入网络的实施、管理、维护；确定网络维护工作的范围；提供项目实施所需的各种资源。

2、专（兼）职网络管理员职责包括：

根据网络维护工作目标，制定网络维护工作体系、计划、流程；按照工作规划，负责网络维护日常巡检及网络故障处理工作，根据安全需求进行策略细化，确保工作质量；对新实施项目提供网络体系规划及网络安全的建议，并负责监督新项目实施能符合企业规划的安全体系要求；负责维护、更新网络设备资产清单、信息点分布图、网络端口对照表；编写日常工作记录单及工作阶段性总结报告。

11.2.2 互联网接入管理要求

1、职工可根据业务工作需要，填写《互联网络入网申请表》，审批同意后，签订《计算机网络使用责任书》后，申请帐号上网。

2、应做好用户名和口令的保密工作，不得向无关人员泄露，并负责因口令泄露而引起的一切责任。

3、应加强对使用人员的教育、管理工作，在使用中的技术问题由专职技术人员负责处理，使用人员不得随意更改配置和参数。

4、在使用应遵守《中华人民共和国计算机信息网络国际联网管理暂行规定》和国家有关法律、行政法规，严格执行安全保密制度，不得利用国际互联网从事危害国家安全，泄露国家秘密等违法犯罪活动，不得制作、查阅、复制和传播妨碍社会治安的信息。

5、不得泄露调水系统内部有关设施基础、技术以及其它需要保密的内容，不向他人发送恶意的、有损调水形象的电子邮件、文件和商业广告。

11.2.3 网络系统维护管理

1、出现重大问题，如违法性网络行为、网络瘫痪等，应进入事件处理流程并向上级部门汇报。

2、网络管理员只允许通过命令行方式进行调试设备，并确保调试失败能通过设备重启恢复上次配置。服务完成后，应做好相关记录单。

3、网络系统管理员应定期检查网络设备的运行情况。所有的网络设备应该至少每天检查一次，做好检查记录。

4、网络系统管理员应定期备份网络设备的配置，定期修改网络设备的维护密码。

8 档案管理

8.1 档案分类

档案包括：建设管理档案、设备档案、运行管理档案、电子档案、照片以及录像等。

建设管理档案 包括：各类批复、审查意见、合同书、协议书、科研试验论证报告、水文地质、测量成果、设计文件、招投标文件、施工文件、竣工文件等。

设备档案 包括：图纸、说明书、合格证书、操作手册、技术鉴定报告等。

运行管理档案 包括：来文（来电）、回文、计划、会议纪要、指令单、技术分析报告、统计报表、物业合同书、维养验收文件、监测整编分析成果、各类年度总结报告等。

电子档案 包括：纸质档案的电子版（含扫描件）、光盘、U盘、录音、录像、照片等。

8.2 归档时间

归档时间经管道所整理完毕后，应当在第二年6月底前向管理站办公室归档，集中管理；采用OA办公自动化系统的，应当随办随归。归档时间有特殊规定的，从其规定。

科技档案原则上应在工程竣工验收前归档。

履行水利行业特有职责形成的专业档案，原则上应在工程竣工验收前归档。

音像档案应在每次会议或活动结束后 1 个月内整理完成归档。

实物档案应在获奖表彰后 2 个月内整理完成归档。

8.3 归档

12.3.1 归档套（份）数

1. 文书档案：属于永久和定期（分为 10 年、3 年）保管的档案要求归档两套，一套定稿与印件，对于常用资料可根据提供利用的需要确定副本份数，供借阅用。

2. 科技档案：可根据实际需要，确定项目文件的归档份数，应满足以下要求：（1）应保存 1 套完整的项目档案，并根据运行管理单位需要提供必要的项目档案；（2）工程涉及多家运行管理单位时，各运行管理单位只保存与其管理部分有关的项目档案；（3）有关项目文件需由若干单位保存时，原件应由项目产权单位保存，其他单位保存复印件。

归档时交接双方应根据归档目录进行清点核对，并履行交接手续，填写档案移交接收凭证。本单位档案实现随办随归的，还应当按规定履行登记手续，记录电子文件归档过程元数据。满足有关规定且不具有永久保存价值或其的电子文件，以及无法转换为纸质文件或缩微胶片的电子文件可以仅以电子形式进行归档.管道所按照归档范围及时收集应归档的文件材料，归档文件材料应为原件，应当真实、准确、系统，组件齐全、内容完整。

8.4 借阅（出）

定期清点档案数量，检查档案保管状况，做好档案防火、防盗、防紫外线、防有害生物、防水、防潮、防尘、防 高温、防污染等防护工作，发现问题及时处理，确保档案实体安全和信息安全。

建立健全档案借阅制度，借出的档案应根据使 用范围、保密制度履行一定的批准手续。凡是根据档案材料编制的各种汇编、索引、检索、手册等，在对外交流时，均应按档案材料的使用范围，经负责人批准后，才能进行。外单位和个人查阅和利用档案须持单位介绍信和有效证件，经同意批准。

查阅利用档案，需履行登记手续。要严守机密、爱护案卷、且勿损失。严禁在案卷上涂改、勾划、批注、拆卷、 抽页。如无特殊原因，借期不得超过 15 天。归还时，要填写档案利用效果反馈表。

9 管理考核

9.1 考核内容

分为日常考核、月考核、季度考核、年度考核四大类。日常考核由员工自行考核，主要考核管道日常巡视纪律情况、福山管道段沿线卫生情况。

9.2 考核要求

(1)考核采用现场检查，查看记录与报告，听取汇报等。

(2)考核应符合附录的要求。

9.3 考核结果

考核分为三级

考核分级	考核分值	考核结果
一级	90分以上（含90分）	优秀
二级	70—89分（含70分）	合格
三级	70分以下	不合格

9.4 附录考核表

阀门维护管理工作考核表

被考核单位：　　　　　　　考核期间：　　年　　月至　　月

序号	考核项目	考核内容	标准分	分值	备注
一	维护计划	1. 制定维护计划（2分）； 2. 按维护计划进行维护（3分）	5		
二	制度建设	包括以下制度（包括但不限于以下制度）： 1. 岗位职责（1分）； 2. 维护管理制度（2分）； 3. 安全生产制度（2分）。	5		
三	阀门	a) 阀体整洁，无锈蚀、无漏油、无变形（5分）； b) 标识、标牌、编号齐全、正确（2分）； c) 阀门金属构件无丢失、损坏（4分）； d) 阀门各连接处紧固、无锈蚀、无损坏、无缺失（5分）； e) 电动执行机构罩壳螺栓连接紧固无渗漏，电气接线端子连接紧固无打火（4分）； f) 电动执行机构显示器开度指示与实际指示准确（3分）； g) 阀体内无污物，锈蚀、气蚀（4分）； h) 阀门动作应灵活无卡阻（5分）； i) 电动执行机构控制旋钮操作灵活、位置控制精准可靠（3分）； j) 电气限位有效，到位自停（3分）； k) 垫片、密封胶圈等材料配件定期更换（5分）； l) 排气阀排气灵活，排气正常（5分）； m) 排气保温罩表面清洁，完整（2分）。	50		

四	安全管理	n) 建立健全安全生产制度，严格落实安全岗位责任制（4分）； o) 安全规程、安全警示标志齐全并上墙公告（4分）； p) 做好职工安全教育培训，安全风险告知书（4分）； q) 安全预案实用可行（2分）； r) 安全工器具齐全、无破损、检测合格（8分）； s) 个人安全防护用品齐全、无破损、在正常有效期内（8分）。	30		
五	资料	专人管理（1分）；归档及时（2分）；资料完整（4分）；分类清楚（1分）；存放有序（1分）；设施齐全（1分）。	10		
总得分			100		

管道维修养护管理工作考核表

被考核单位： 考核期间： 年 月至 月

序号	考核项目	考核内容	标准分	分值	备注
一	维护计划	3. 制定维护计划（2分）； 4. 按维护计划进行维护（3分）。	5		
二	制度建设	包括以下制度（包括但不限于以下制度）： 1. 岗位职责（1分）； 2. 维护管理制度（2分）； 3. 安全生产制度（2）。	5		
三	输水管道		50		
	1、管线标志	1. 警示牌醒目，整洁，无损（1分）； 2. 公告牌整洁，清晰，牢固（1分）； 3. 标识牌位置准确，内容清晰，牢固（1分）； 4. 界桩字迹清晰，位置正确，牢固无移位（1分）；	4		
	2、覆盖层	覆盖层厚度满足设计要求（4分）， 不得有缺损塌陷裸露现象（6分）。	10		
	3、PCCP 管道	1. 淤积厚度≤2cm 或参照设计要求（4	10		

		分）； 2. 管道承插口处封堵修补，封堵密实平整，材料环保满足设计要求（4分）； 3. 疑似漏水接口按照设计要求做打压试验（2分）；			
	4、钢管	1. 淤积厚度≤2cm或参照设计要求（4分）。 2. 除锈处理后表面光滑，防腐面平滑，无漏涂、起皱、起泡、流挂、针孔、裂纹等，防腐材料环保满足设计要求（6分）； 3. 焊缝处理平整，无裂纹，无夹渣，无气孔，进行探伤检查（6分）。	16		
	5、玻璃钢管	1. 淤积厚度≤2cm或参照设计要求（4分）； 2. 修补处厚度均匀、平整光滑无渗水，维修材料环保满足设计要求（6分）。	10		
四	安全管理	1. 建立健全安全生产制度，严格落实安全岗位责任制（4分）； 2. 安全规程、安全警示标志齐全并上墙公告（4分）； 3. 做好职工安全教育培训，安全风险告知书（4分）； 4. 安全预案实用可行（2分）； 5. 安全工器具齐全、无破损、检测合格（8分）； 6. 个人安全防护用品齐全、无破损、在正常有效期内（8分）。	30		
五	档案管理	1. 专人管理（1分）； 2. 归档及时（2分）； 3. 资料完整（4分）； 4. 分类清楚（1分）； 5. 存放有序（1分）； 6. 设施齐全（1分）。	10		
总得分			100		

建（构）筑物维修养护管理工作考核表

被考核单位：　　　　　　　考核期间：　　　年　　月至

月

序号	考核项目	考核内容	标准分	分值	备注
一	维护计划	5. 制定维护计划（2分）； 6. 按维护计划进行维护（3分）。	5		
二	制度建设	包括以下制度（包括但不限于以下制度）： 4. 岗位职责（1分）； 5. 维护管理制度（2分）； 6. 安全生产制度（2分）。	5		
三	建（构）筑物		60		
	1、标志	5. 警示牌醒目，整洁，无损（1分）； 6. 公告牌整洁，清晰，牢固（1分）； 7. 标识牌位置准确，内容清晰，牢固（1分）； 8. 界桩字迹清晰，位置正确，牢固无移位（1分）。	4		
	2、覆盖层	1. 覆盖层厚度满足设计要求（4分）； 2. 不得有缺损塌陷裸露现象（6分）。	10		
	3、设施防护网	1. 基础牢固（1分）； 2. 立柱稳定（1分）； 3. 防护网护网完好，无缺损，无锈蚀（2分）。	4		
	4、附属建筑物（管理用房，调流阀站，阀门井，检修	1. 屋面无渗漏，无裂缝，排水系统完整通畅（2分）； 2. 顶棚无脱落、无裂缝、无变形（2分）； 3. 墙面无渗水，无裂缝，无污损（2分）； 4. 地面干净整洁，无损坏（2分）； 5. 门窗干净整洁、密封良好、开关灵活，锁具完好（2分）； 6. 楼梯踏步及两侧护栏完好（2分）； 7. 爬梯安全牢固、无缺损（2分）；	20		

		8. 照明灯具完好齐全，线路布置规范（2分）；			
井，排气井，排气孔，排水井，高位水池，无压水池等）		9. 避雷设施完整有效（2分）；			
		10. 进出道路地面平整、畅通，围栏完整、无锈蚀、油漆无脱落，管理范围内无杂草，无垃圾，无积水，无塌陷（2分）。			
5、土石方工程		恢复原貌达到设计要求（6分）。	6		
6、砌筑工程		恢复原貌达到设计要求（6分）。	6		
7、混凝土工程		无渗漏、无裂缝、表面平整，达到设计要求（6分）。	6		
8、清淤工程		淤积厚度≤5cm或参照设计要求（4分）。	4		
五	安全管理	1. 建立健全安全生产制度，严格落实安全岗位责任制（2分）； 2. 安全规程、安全警示标志齐全并上墙公告（2分）； 3. 做好职工安全教育培训，安全风险告知书（2分）； 4. 安全预案实用可行（2分）； 5. 安全工器具齐全、无破损、检测合格（5分）； 6. 个人安全防护用品齐全、无破损、在正常有效期内（5分）； 7. 灭火器材数量满足要求，无破损、在安全使用期限内（2分）。	20		
六	档案管理	7. 专人管理（1分）； 8. 归档及时（2分）； 9. 资料完整（4分）； 10. 分类清楚（1分）； 11. 存放有序（1分）；	10		

		12. 设施齐全（1分）。			
	总得分		100		

机电设备维护管理工作考核表

被考核单位： 考核期间： 年 月至 月

序号	考核项目	考核内容	标准分	分值	备注
一	维护计划	7. 制定维护计划（2分）； 8. 按维护计划进行维护（3分）。	5		
二	制度建设	包括以下制度（包括但不限于以下制度）： 7. 岗位职责（1分）； 8. 维护管理制度（2分）； 9. 安全生产制度（2分）。	5		
三	机电设备	1. 无积尘、无破损、无锈蚀、无变形、无渗漏（8分）； 2. 仪表、指示灯显示正常（3分）； 3. 标识、标牌、编号齐全、正确（2分）； 4. 无异响、异味，无放电痕迹，温度正常（8分）； 5. 布线规范、线缆连接紧固（5分）； 6. 元器件完好可靠（5分）； 7. 绝缘良好（5分）； 8. 发电机组油位正常（1分）； 9. 按有关规定，委托有资质的单位，做好特种设备的校验，有检查报告（3分）。	40		
四	其它设备	1. 视频监控立杆无歪斜，摄像头整洁、转动灵活，传输正常，显示正常，存储完整（3分）； 2. 超声波流量计传感器连接牢固、无渗水，传输正常，仪表干净整洁、标识齐全、显示正常（2分）； 3. 输电线路及自动化线路委托有资质的单位进行维护（1分）；	10		

		4. 金属结构符合要求、安全牢固、无锈蚀（4分）；			
五	安全管理	9. 建立健全安全生产制度，严格落实安全岗位责任制（4分）； 10. 安全规程、安全警示标志齐全并上墙公告（4分）； 11. 做好职工安全教育培训，安全风险告知书（4分）； 12. 安全预案实用可行（2分）； 13. 安全工器具齐全、无破损、检测合格（6分）； 14. 个人安全防护用品齐全、无破损、在正常有效期内（6分）； 15. 灭火器材数量满足要求，无破损、在安全使用期限内（4分）。	30		
六	档案管理	13. 专人管理（1分）； 14. 归档及时（2分）； 15. 资料完整（4分）； 16. 分类清楚（1分）； 17. 存放有序（1分）； 18. 设施齐全（1分）。	10		
总得分			100		

附录　编制依据

一、法律

1、《中华人民共和国水法》（2002年8月29日修订通过，自2002年10月1日起施行，2009年8月27日第一次修正，2016年7月2日第二次修正）；

2、《中华人民共和国防洪法》（1997年11月1日通过，2007年10月28日修订，2016年7月2日修改）；

3、《中华人民共和国安全生产法》（2002年6月29日通过公布，自2002年11月1日起施行。2014年8月31日修改，修改后2014年12月1日起施行）；

4、《中华人民共和国水土保持法》（1991年6月29日发布并施行，2010年12月25日修订，修订后2011年3月1日实施）；

5、《中华人民共和国水污染防治法》（1987年9月5日发布，自1988年6月1日起实施，2015年8月29日修订，2018年10月26日修正）；

6、《中华人民共和国突发事件应对法》（2007年8月30日通过，自2007年11月1日起施行）；

7、《中华人民共和国道路交通安全法》（2003年10月28日公布，2004年5月1日施行；2007年12月29日，修订后2008年5月1日起施行；2011年4月22日 修订，修订后2011年5月1日起施行）。

二、法规和政策文件

1、《中华人民共和国河道管理条例》（1988年6月10日发布，2011年1月8日第一次修订，2017年3月1日第二次修订，

2017 年 10 月 7 日修改）；

2、《中华人民共和国防汛条例》（1991 年 7 月 2 日发布，2005 年 7 月 15 日第一次修正，2010 年 12 月 29 日第二次修正，修正后 2011 年 1 月 8 日公布并实施）；

3、《水利工程管理考核办法及其考核标准》（水运管〔2019〕53 号）；

4、《山东省实施〈中华人民共和国河道管理条例〉办法》（1991 年 6 月 28 日山东省人民政府令第 19 号发布；根据 1998 年 4 月 30 日山东省人民政府令第 90 号第一次修订；根据 2004 年 7 月 15 日山东省人民政府令第 172 号第二次修订；根据 2014 年 10 月 28 日山东省人民政府令第 280 号第三次修订；根据 2018 年 1 月 24 日山东省人民政府令第 311 号第四次修订）；

5《水利工程管理单位定岗标准（试点）》和《水利工程维修养护定额标准（试点）》（水利部、财政部文件，水办〔2004〕307 号）；

6、《水利部办公厅关于开展堤防工程险工险段排查的通知》（办运管函〔2019〕657 号）；

7、水利部办公厅关于取消利用堤顶、戗台兼做公路审批和坝顶兼做公路审批后加强事中事后监管的通知；

8、水利部办公厅关于做好堤防水闸基础信息填报暨水闸注册登记等工作的通知办运管函〔2019〕950 号；

9、《水利工程管理体制改革实施意见》（水建管〔2002〕429 号）；

10、《关于水利工程管理体制改革的实施意见》（鲁政办发〔2004〕18 号）；

11、山东省水利工程管理绩效考核办法；

12、山东省水利工程管理绩效考核验收细则；

13、山东省水利工程维修养护项目验收管理办法；

14、山东省堤防工程管理细则（试行）（山东省水利厅 2011 年）。

三、规范、规程

1、《防洪标准》（GB50201-2014）；

2、《水利水电工程等级划分及洪水标准》（SL252-2017）；

3、《堤防工程设计规范》（GB50286-2013）；

4、《堤防工程管理设计规范》（SL171-1996）；

5、《堤防工程养护修理规程》（SL595-2013）；

6、《堤防工程安全评价导则》（SL/Z 679-2015）；

7、《水利工程质量检测技术规程》（SL734-2016）；

8、《水利水电工程单元工程施工质量验收评定标准-堤防工程》（SL634-2012）；

9、《水利单位管理体系要求》（SL/T503-2016）；

10、《水利水电工程管理技术术语》（SL570-2013）；

11、《水利水电工程技术术语》（SL26-2012）；

12、《水利工程安全监测设计规范》（SL725-2016）；

13、《水利信息系统运行维护规范》（SL715-2015）；

14、《水利视频监视系统技术规范》（SL515-2013）；

15、《水利统计通则》（SL711-2015）；

16、《防汛储备物资验收标准》（SL297-2004）；

17、《水利文档分类》（SL608-2013）。